日本一の
ワインソムリエが書いた

# ワイン1年生の本

森覚

宝島社

# はじめに

あなたがこの本を手に取った理由は何でしょうか?

「ワインの勉強をしたいけど何から始めれば良いかわからない」

「飲むのは好きだけど、ワインって難しくて」

「デートでレストランに行くけど、正直ワインってどう頼むのかわからない」

このような様々な理由があると思います。

私が初めてワインを飲んだのは20歳の時。今でこそソムリエを生業《なりわい》にしていますが、ワインを飲みはじめた頃はブドウ品種もわからなければ、ワイン産地などもほぼ知らない、そんな普通のワイン1年生でした。

ただ、右手にワイングラス、左手にワイン本を持ち、「カシスの香りに黒胡椒が調和し……」と書かれているコメントを見ながら、「これをカシスの香りって表現すれば良いのか」とブツブツ言いながらワインを飲んでいると、何となくワインがわかったような気になったのを今でも覚えています。

正直に言うとワインは難しいと私も思っています。そして、ワイン通になるための道のりに近道はないとも感じています。

とはいえ、ワイン1年生から世界最優秀ソムリエコンクール日本代表になった私なりに、ちょっとでもわかりやすく、あなたにとっての近道となるような本って何だろうと考えながら本書を執筆してみました。

本書では、ワインの勉強を始める上で優先順位の高いブドウ品種やワイン産地をはじめ、ワインを取り巻く知識の数々をわかりやすいイラストとともに解説をしていきます。冒頭の理由の答えとなるような内容が詰まった本書を通して、ワインをもっと知りたくなり、ワインをもっと飲みたくなり、そしてワインをもっと楽しみたいと、読者の皆様に思っていただければ、これに優る喜びはありません。

**森 覚**

# Contents

Chapter 2
# 生産地を知ればワインの違いがわかる

Chapter 4

# 知っておきたいワインのマナー

# Chapter 1

# 自分に合ったワインと出会う賢い選び方

“ワイン”と一口に言っても、その種類は千差万別。
その中から自分に合ったワインを選ぶのは、
大海の中から一粒のダイヤモンドを探し出すようなものです。
そこで、本章では初心者がワインを選ぶ際に
指針となる基礎知識を、わかりやすく解説していきます。

how to choose wine
種類

# ワインにはどんな種類があるの？

ワインは他のアルコール飲料とどう違うのか？　そんな疑問に答えながら、お酒を大きく3つに分け、さらにワインの種類も分類してみました。

アルコール飲料は、酵母の発酵力を用いた醸造酒、醸造酒をさらに蒸留する蒸留酒、この2つに草根木皮や果実などを加えた混成酒の3つに大別されます。醸造酒はアルコール度数が低く、穀物から造るビールや日本酒、果実から造るワインやシードルがあります。蒸留酒はアルコール度数が高く、穀物から造るものとして、ウイスキー、ウォッカ、ジン、ラム、焼酎があり、果実からできるものには、ブランデーやカルヴァドスなどがあります。混成酒はリキュールを指します。

醸造酒のワインは、製法上から4つに分類できます。1つ目はスティルワイン。飲む機会の多い「ふつうの」ワインです。赤、白、ロゼがあり、甘口・辛口もあります。2つ目のスパークリングワインは炭酸ガスが含まれた、グラスに注ぐと泡立つワインです。代表的なのはフランスのシャンパンで、他にイタリアのスプマンテなどもあります。3つ目はフォーティファイドワイン。これはスティルワインにブランデーなどを加えたアルコール強化ワインです。代表的なのがポルトガルのポートワイン、スペインのシェリー。最後にフレーバードワイン。これはスティルワインに果汁や香辛料、薬草などを加え、香りづけしたものです。イタリアのヴェルモットやスペインのサングリアなどが日本でも知られています。

# 4つに分類されるワイン

## スティルワイン

## スパークリングワイン

## フォーティファイドワイン

## フレーバードワイン

ワインは4つに分類される。「スティルワイン」は泡の入っていないいわゆる「ふつうのワイン」で、赤ワイン、白ワイン、ロゼワインに分けられる。次に泡の入っているワインの総称を「スパークリングワイン」という。フランスのシャンパーニュ地方で造られた「シャンパン」はその代表。ブドウを発酵させる醸造工程の途中で蒸留酒を加えて、ワイン全体のアルコール分を15～22度程度まで高くしたワインは「フォーティファイドワイン」。別名「酒精強化ワイン」とも呼ばれ、シェリーやポートワインなどがよく知られる。最後はワインに薬草、果実、甘味料などを加え、独特な風味を添えた「フレーバードワイン」で、スペイン発祥の「サングリア」が有名。

# スティルワインは赤・白・ロゼの3つに分類される

ワインを頼むときに必ず聞かれるのが、赤か白（あるいはロゼ）のどれかということ。なぜワインには見た目ではっきりわかる3種の美しいカラーがあるのでしょうか。

民放のバラエティ番組で、目隠しをして赤ワインと白ワインを当てるクイズがありましたが、多くの芸能人が正解できなかったそうです。赤と白の違いとはいったい何なのでしょうか。

　これは使うブドウと、製造法の違いが要因です。赤ワインは黒ブドウの果皮も種も丸ごと使い、全部漬け込んで発酵させたものです。このため、深紅の色合いはブドウの皮に含まれるアントシアニンの赤い色素、独特の渋味は種に含まれるタンニンからくるものです。これらには動脈硬化予防などに効果があるとされています。一方、白ワインは白ブドウを使ったものです。果皮や種を取り除き、果汁だけを搾って発酵させるものです。このため色は透明に近い黄色で、渋味もほとんどありません。その分、飲みやすいともいわれます。

　もう一つロゼワインという中間色のワインがあります。ロゼの製造法は多様で、赤と白の果汁を混ぜるという方法もありますが、赤ワインを造る黒ブドウの果皮も発酵させ、色がついた途中で果皮を取り除く方法の方が主流です。

　いずれにしてもワインは気候や料理に応じて楽しみ方があります。一般的に冷やして飲む白とロゼ、あるいは常温でも飲める赤。こういった多様性がワインの強みなのです。

# スタンダードな3種類のワイン

| 赤ワイン | 白ワイン | ロゼワイン |
| --- | --- | --- |

赤ワインは黒ブドウの果汁だけではなく、皮や種と一緒に発酵させて造るため、赤い色をしており、白ワインにはない"渋味"があるのが特徴。飲み口の濃厚さにより、5つに分類される(22ページ参照)。

白ワインは、白ブドウの果皮と種を取り除いた果汁のみを発酵させることで造られる。一部、黒ブドウを使用する場合もあるが、同じく果皮を取り除くため、赤ワインのような色にはならない。

「ロゼ」はフランス語で「rosé」と綴《つづ》り、バラ色を意味する。つまり、バラ色あるいはピンク色のワインということになる。一般的に、赤ワイン同様に黒ブドウの果汁(皮や種を含む場合もある)を使用する。

# 赤と白の製法の違いとは？

赤と白は前項でも触れたように、用いるブドウの品種と製造法によって異なります。ここではその仕組みをさらに詳しく解説します。

## 赤

ワインは黒ブドウを使います。まず収穫したブドウを発酵させます。このとき果皮と種子もともに発酵させます。果汁は赤くないのに果皮の赤黒い色がそのまま用いられるため、ワインは赤色に変わるのです。

そしてこの赤い果実を圧搾（圧力をかけながら液体と固形物を分離させる作業）します。ブドウの渋さであるタンニンは種に含まれます。このため、白ワインと異なり赤ワインには皮の色素の他にタンニンが溶け、深紅の色と渋めの味わいのワインができるのです。つまり、果皮と種をともに発酵させたブドウを圧搾して熟成させた結果、美味しい赤ワインに変わるのです。

一方、白ワインは白ブドウを収穫すると、果皮と種子を除き、すぐに圧搾します。すると果汁だけになり、鮮やかな黄色の液体が出てきます。後はこれを発酵・熟成させるだけで、赤ワインのような渋さがない飲み口のいいワインが誕生します。

なお、ロゼワインは、前項でも触れたように、様々な製法があるなかで、赤ワインと同じ黒ブドウを使い途中まで同じ製造法で行う場合があります。果皮も種子も発酵させつつ、途中で果皮と種子を取り除くものです。これによって、赤と白の中間色のきれいなバラ色のワインが生まれるのです。

# 赤・白・ロゼの製法の違い

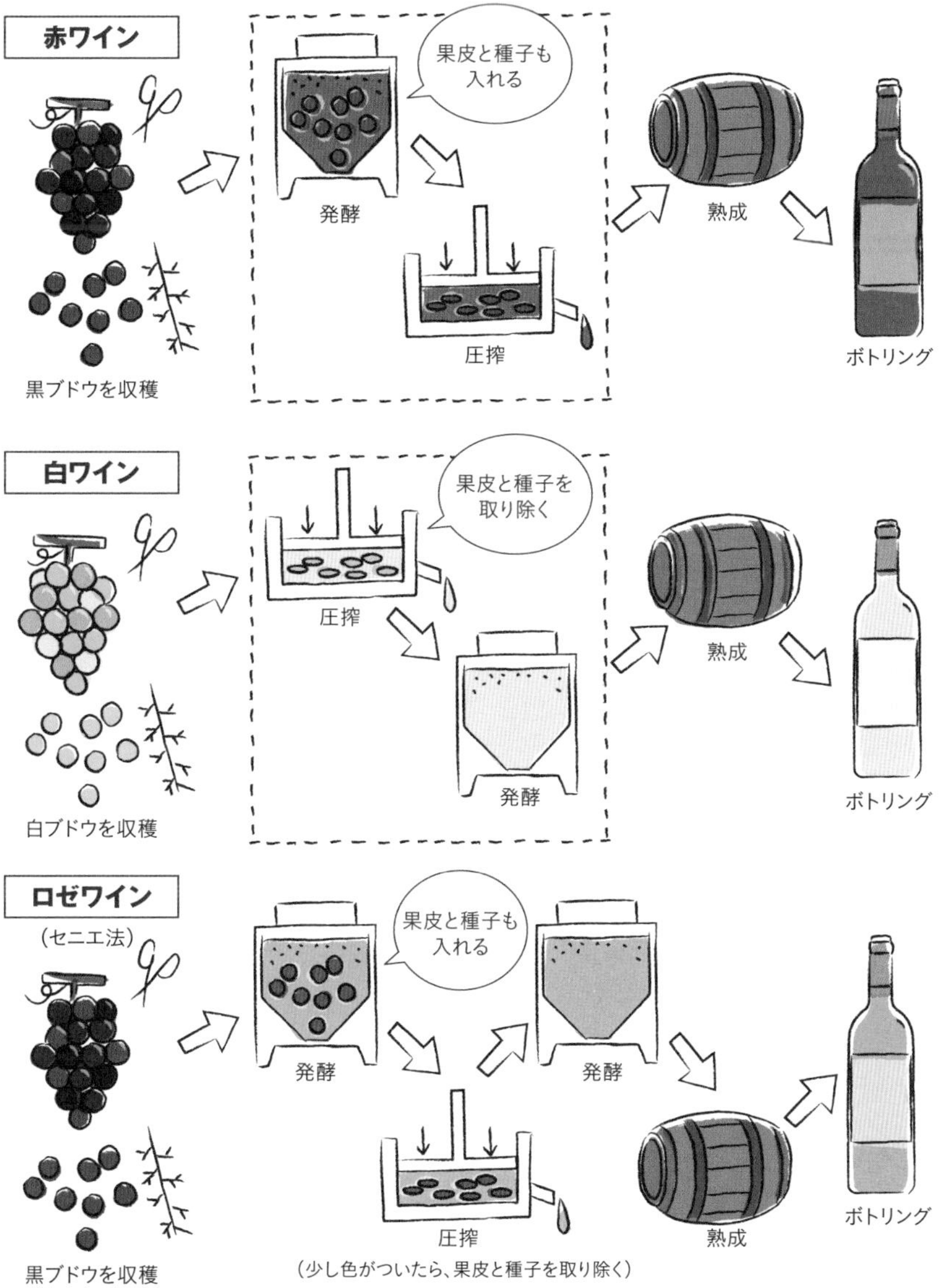


赤ワインは果皮や種子がついたままの果肉を発酵させ、圧搾する。白ワインは果皮や種子を取り除いて果肉を圧搾し、発酵させる。赤と白の製法上の大きな違いは、黒・白ブドウの違いの他、果皮と種子を入れるかどうかにある。

how to choose
wine
品種

# 押さえておきたい品種 赤ワイン編

赤ワインはワインの王道。ここでは特に押さえなければならない赤ワインの原料となる代表的な品種を3つに絞って紹介します。

押さえておきたい赤ワインはどれも有名なもの。興味を持っている人なら聞いたことのある名前が出てきます。米がササニシキやコシヒカリなど数種の品種を押さえればいいように、赤ワインも無数にある品種のうち、押さえるべき品種は3つほどです。一番手はカベルネ・ソーヴィニヨン。フランスのボルドー産が有名なこの品種は、よく熟した黒いフルーツを思い起こさせる重厚な味わいの高級ワインになります。赤ワインの代表格と呼ばれる同品種ですが、日本でもボルドー以外の産地のものは割安で手に入ります。また、色の濃い渋味のあるワインであるため、ワイン好きには堪えられない直球ど真ん中と言えます。ワインを好きになるにはまずこれを飲んで、次の品種へ移るべきとも言われます。

次に挙げるのはピノ・ノワール。カベルネが重いという人にオススメ。口当たりが柔らかい半面、果実味が強く酸味も強い品種です。高級ワインのロマネ・コンティを造り出します。赤ワインではメルローも有名です。「ビロードのような舌ざわり」と言われるメルローは、なめらかでまろやかなワインになります。果実味はあるのにタンニンが少なめというのも特徴です。カベルネの濃厚な味を気に入った人は、濃厚でありつつよりマイルドなメルローを試してみるのも良いでしょう。

## カベルネ・ソーヴィニヨン

**濃いと思ったら……**

**気に入ったら……**

## ピノ・ノワール

## メルロー

**[ カベルネ・ソーヴィニヨン ]**

**[ ピノ・ノワール ]**

**[ メルロー ]**

カベルネ・ソーヴィニヨンは元々はフランスのボルドー地方が代表的な産地だったが、今やアメリカ、チリ、アルゼンチンなど世界各国で栽培されている。濃厚で力強い果実味が魅力である。ピノ・ノワールはフランス・ブルゴーニュ地方を原産とするブドウ品種で、タンニンの少ない、なめらかな味わいのワインになる。ピノ・ノワールが100%使用されているワインとしては、ロマネ・コンティが有名。メルローもボルドー地方を発祥地とする品種。力強く、アルコール度が高く、酸味が少なめのワインを造り出す。

# 押さえておきたい品種 白ワイン編

肉料理に合う赤ワイン対して、魚料理に合う白ワイン。赤ワインの代表的な品種は前項で紹介しましたが、では白の代表的品種は何でしょうか？

## 白

ワインの中で、最初に押さえたいのがシャルドネ。世界で最も有名な白ブドウの品種と呼ばれるだけに、耳にしたことのある人が多いでしょう。ワイン通になりたければ、白ならまずシャルドネから入るべきです。シャルドネは果実味も酸味もあっさりとしていて、王道的な味わいです。フランス原産で、ブルゴーニュの最高級のワイン、シャブリが有名です。しかし、現在世界中で栽培され、気候や風土で様々なフレーバーを生み出す、変幻自在の品種としても知られています。日本でも多様な地域のシャルドネワインを比較的低価格で購入できます。

このシャルドネをスタート地点にして、もっと甘口やフルーティーな味わいを望むときに選びたいのがリースリングです。リースリングはドイツワインが有名で、果実味が豊かで甘口になります。特に貴腐ワインやアイスワイン（94ページ参照）などは糖度が高ければ高いほど値段が上がります。ただしリースリングもドイツ以外でも造られているので、土地によっては辛口も楽しめます。一方、シャルドネよりもっとすっきりとした味を好むなら、ソーヴィニヨン・ブランを選ぶべきでしょう。ボルドーやロワール地方で多く生産される同品種は、ハーブや柑橘類を思わせる爽やかでアロマティックな香りとシャープな酸味が特徴です。

## シャルドネ

シャブリが
飲みたいわ
果実味も酸味も
さっぱりしていて、
オーソドックスな
味だね
PANUL

**もっとすっきりした味を望むなら……**

**もっと甘口でフルーティーな味がいいなら……**

## ソーヴィニヨン・ブラン

シャープな
酸味が好き！
爽やかで
アロマティックな
香りがするね

## リースリング

果実味が
豊かで甘口だわ
甘口ワインの
定番だね
Riesling

[ シャルドネ ]

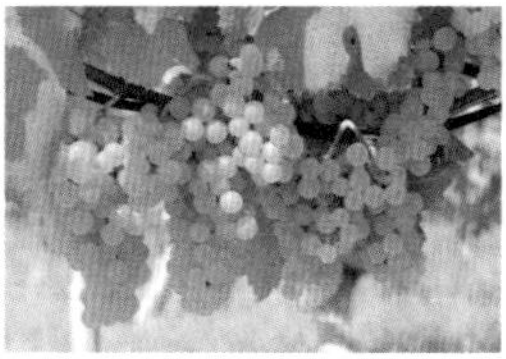

[ ソーヴィニヨン・ブラン ]

[ リースリング ]

シャルドネはブルゴーニュ地方マコネ地区が発祥という一説があり、「白ワイン品種の女王」と称され、世界の主要なワイン産地で広く栽培されている。クセが強くないオーソドックスな風味が特徴。ソーヴィニヨン・ブランも世界のワイン生産地の多くで生産されている。爽やかで豊かな酸味が特徴。リースリングはドイツやフランス北東部のアルザス地方で主に栽培されている品種。しっかりとした酸味と上質な香りを持ち、爽やかな辛口から甘口のワインまで造られている。

# 押さえておきたい品種 その他

ここまで赤ワイン3つ、白ワイン3つの合計6品種を紹介しました。もっと突き詰めたいという方のためにその他の品種を挙げます。

代表的な6品種以外となれば、まず白ワインではシュナン・ブランを挙げたいところ。フランス原産で、ソーヴィニヨン・ブランに並ぶアロマティックな香りが特徴です。特にロワール地方で栽培されるものは、かりんジャムを想起させる濃密な香りを持っています。シュナン・ブランからは甘口から辛口まで、多様なワインが造られています。赤ワインでは、同じフランス原産のシラーが有名です。産地によって風味が変わる変幻自在の品種です。いずれの地域でも酸味と渋味、スパイシーな味わいが力強く感じられ、強い個性を持ったワインになります。次にグルナッシュ。この黒ブドウは現在地中海沿岸で栽培されています。濃縮感があり、ボリュームを感じられるワインになります。赤の他、ロゼでもよく利用されますが、日本では他のワインに比べ入手が困難です。最後に日本が生んだ品種として白ワイン用の甲州が挙げられます。日本のブドウ栽培は意外に古く、本格的なワイン造りが始まったのが1870年代と言われます。甲州種のワインも明治期から造られました。甲州は白ブドウですが、ポリフェノールを豊富に含むという特質があります。香りはオーソドックスで、酸味がなめらか、渋味がコクを与えるワインです。日本固有の甲州に対する外国人の注目度が高まっています。

### シラー

スパイシーな
味わいが力強く
感じられるね

### グルナッシュ

濃縮感があり、
ボリュームを感じられる
ワインだわ
ロゼも
美味しいですよ

### シュナン・ブラン

アロマティックな
香りが特徴だな

### 甲州

フレッシュフルーツの
ような香りで、スッキリと
した味わいね

［ シラー ］

［ グルナッシュ ］

［ シュナン・ブラン ］

［ 甲州 ］

シラーはフランスのコート・デュ・ローヌ地方原産の赤ワイン用ブドウ品種。フルーティーさとタンニンのバランスが良く、力強い味わいの赤ワインになる。グルナッシュはスペインのアラゴン州を原産地とする赤ワイン用ブドウ品種。果実香と芳醇な味わいが魅力。シュナン・ブランはフランスのロワール地方や南アフリカで栽培されている白ブドウ品種。貴腐ワイン、スパークリングワイン、酒精強化ワインなど、多彩なワインを生み出す。甲州は日本古来の白ブドウ品種。香りは控えめでニュートラルだが、柑橘系やクローブのスパイス香が印象的。

how to choose wine
5つの要素

# ワインの味を決める5つの要素とは?

ワインの味は主に5つの要素から決められると言われます。この5つの要素が合わさったワイン全体の味わいを「ボディ」と言います。

## 赤

ワインを買ったことのある人はラベルにある「ボディ」という言葉が気になるはずです。これはひと言で言えば、ワインの厚みやコクを意味します。詳しく言うと、ワインの味を決める5つの要素の総体を指します。一つはアルコール度。高いほどコクと甘味を感じます。もう一つは果実味。強いほどボディに厚みが出ます。次は渋味です。タンニンに由来するため赤ワイン特有のものになります。加えて、甘味も重要。ブドウの糖分の他、アルコールの甘味を感じる場合もあります。最後に酸味です。シャープさやまろやかさなど、多様な形で味わえます。以上の5つの要素の総体が高いものほどフルボディ、中間がミディアムボディ、低いものがライトボディになります。一般にこのボディは白ワインに比べ赤ワインに対して用いることが多いです。

5つの要素が高いフルボディなワインはタンニンが強く、渋味とコクが良い味になって飲みごたえがあります。逆にライトボディは軽く何杯でも飲めるワインになります。渋味もコクもまろやかで、テーブルワインなどに用いられます。ミディアムはその中間です。渋味やコクがちょうどよく、どんなシーンにも対応できるワインになります。なお、白ワインはあくまで甘口か辛口でその味が判断されます。

# ワインの味を形づくる5つの要素とは？

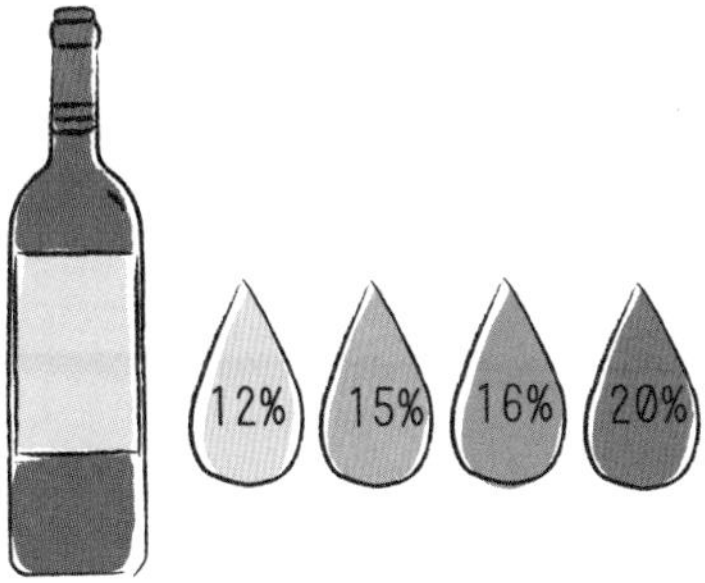


アルコール度

渋味（タンニン）

甘味

果実味

酸味

# ワインの香りを楽しむ

ワインを楽しむとき、香りは重要な要素。香りにはそのワインの特徴や熟成度といった重要な情報が詰まっています。香りを楽しんだ上で、ワインの味を堪能しましょう。

嗅覚で感じられる香りの総称を「アロマ」といいます。アロマテラピーの「アロマ」ですね。ワインのタイプにもよりますが、グラスワイン1杯には、約500種類もの香りの成分が含まれていると言います。

ワインのアロマは大きく3つに分類されます。初めは第1アロマです。これは原料のブドウの品種そのものが持つ果実の香りです。次に第2アロマで、発酵や醸造過程に由来する香り。バナナやキャンディ、カスタードクリームなどを思わせる若さのある香りです。そして、最後は第3アロマで、ワインの熟成中に生まれてくる香りを意味します。木樽の中で育まれる間にワインに溶け込んでいくものもあれば、瓶内でじっくり熟成していくなかで生成されるものもあります。熟成中に生まれる成分の香りなので、熟成の仕方や熟成度によって多種多様な香りが現れ、植物系の香りや動物系の香り、ミネラル系の香り、スパイス系の香り、トースト系の香りなどに例えられことが多いです。

なお、第3のアロマは、「ブーケ」という別名を持っています。ブーケとは、本来は「花束」を意味する言葉ですが、熟成したワインの中で複雑に混ざり合った繊細な香りは、確かに花束のように感じられるかもしれません。

# 3つに分類できるワインの香り

## 第1アロマ

ブドウの品種に由来する香り。
レモンやライム、カシスなどのフルーツの香り。

## 第2アロマ

発酵や醸造などの製造過程に由来する
バナナやキャンディなどの香り。

## 第3アロマ（ブーケ）

熟成に由来する香り。

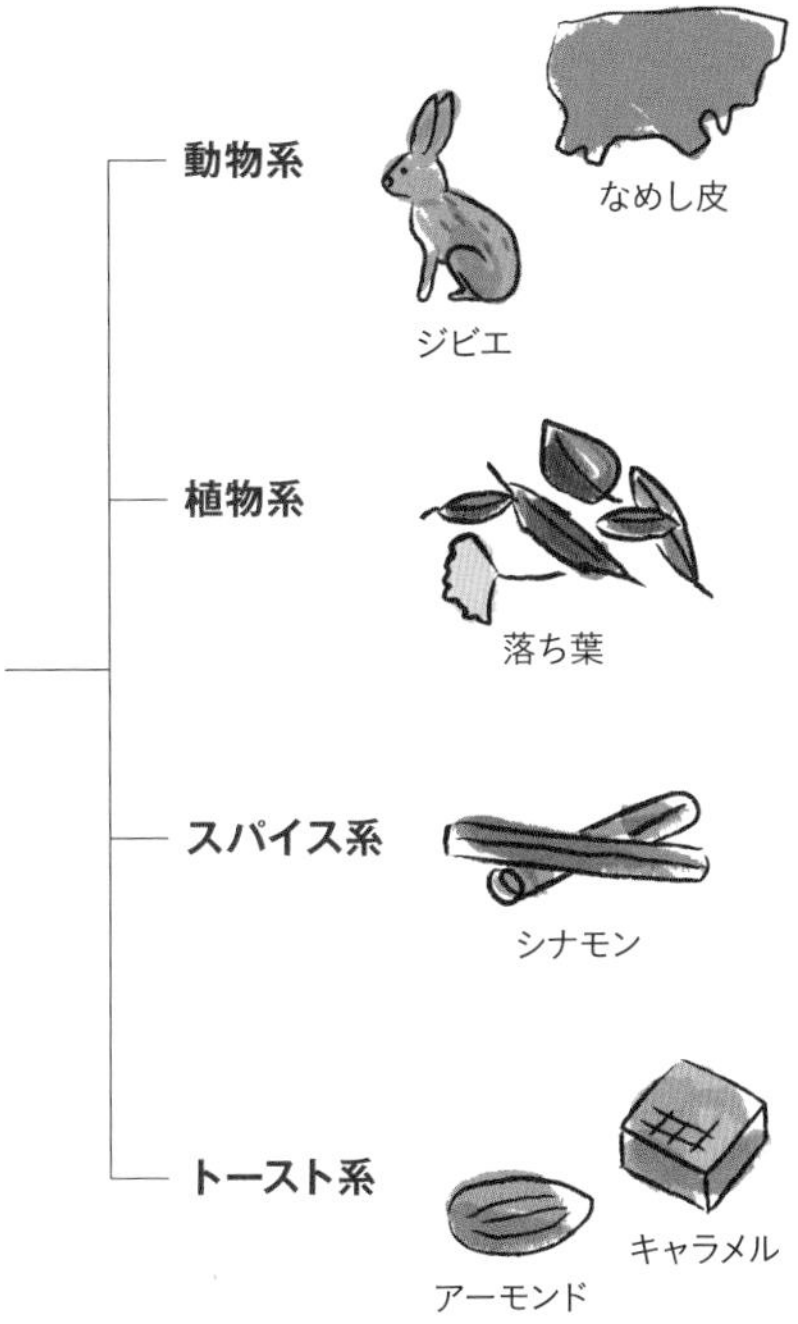

# 「単一」と「ブレンド」の違いとは？

ブドウの品種や産地とともに、ワインを選ぶときに重要になってくるのが、そのワインが「単一」なのか「ブレンド」なのかという点。ここでは、それぞれの特徴を学びます。

16～21ページをご覧になって、ワインの原料となるブドウには様々な品種があることが理解できたと思います。ここではそこからもう一段階、ステップアップして、ワインには一つのブドウ品種しか使われていない「単一ワイン」と、複数のブドウ品種を組み合わせて造られた「ブレンドワイン」があることを学びましょう。

単一ワインは、フランスのブルゴーニュ産が有名ですが、チリやオーストラリア、アメリカなど「新世界（ヨーロッパ以外）」と呼ばれる生産国のワインにも多い傾向にあります。ブレンドワインは、旧世界（ヨーロッパ）に属するフランスのボルドー地方のワインが有名です。ラベルに関しては詳しくは次項で説明しますが、新世界の単一ワインを購入する場合、ラベルに品種名が記載されていることがほとんどです。

例えば、手軽な値段で買えて味の評価も高い人気のチリワインには、カベルネ・ソーヴィニヨンやピノ・ノワールといった品種名がラベルに記されていることが多いです。

旧世界のボルドーでは基本的に複数の品種をブレンドして造ります。それぞれの品種の良いところをうまく引き出し、理想の味わいに組み立てていくこの工程を、「アッサンブラージュ」と呼びます。

## ブレンドワイン

## 単一ワイン

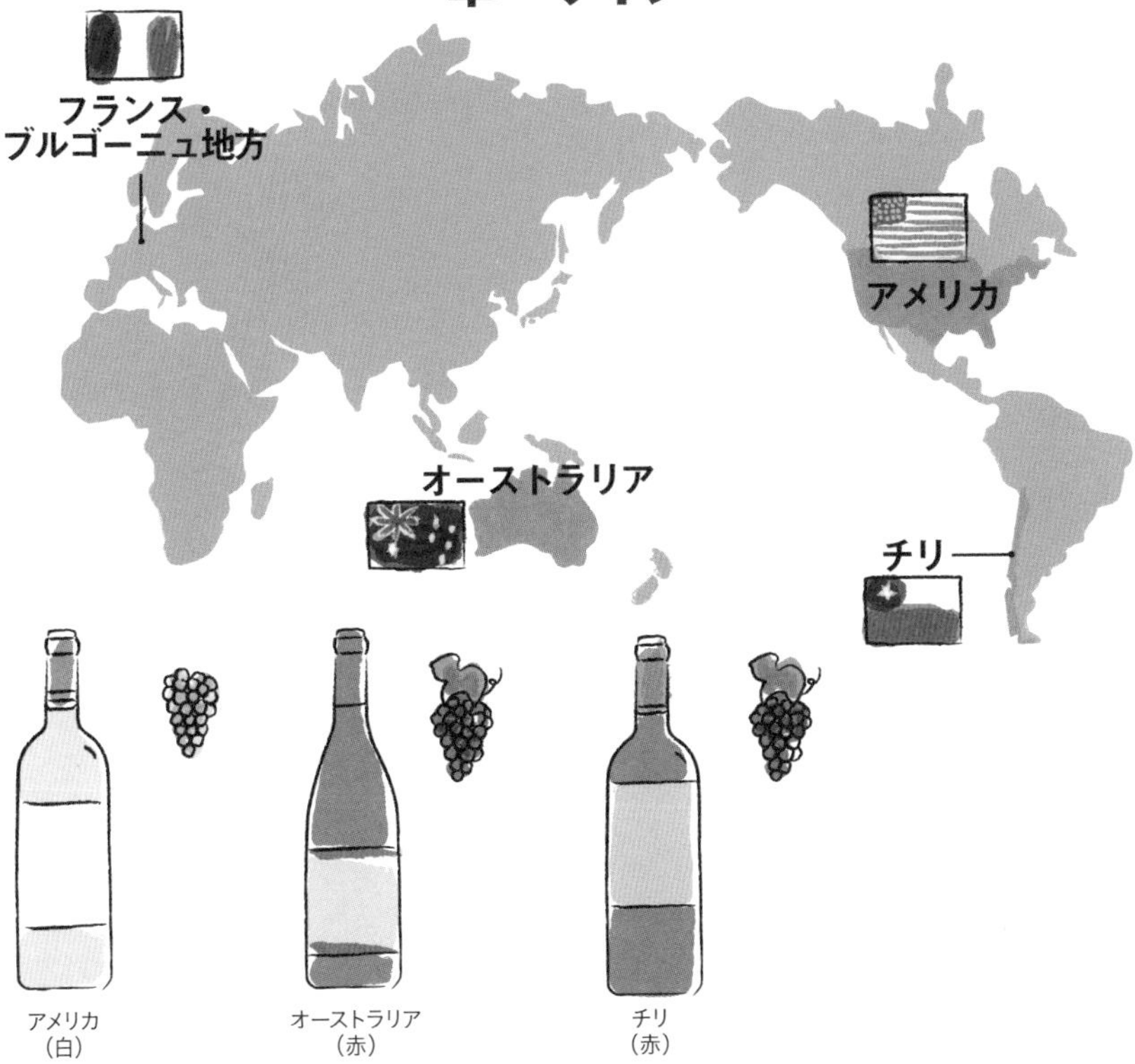

# ラベルをチェックするときのポイントとは？

旧世界と新世界のワインでは、ラベルを見るポイントが違います。旧世界では品種が書かれていることが少なく、逆に新世界では品種が書かれていることが多いです。

ワイン売り場でラベルを見るとき、旧世界を好む人はボルドーなどの産地名を判断材料にします。ブレンドが多い旧世界のワインには品種がラベルに書かれていないことが多いため、ラベルに記載された地域名が判断基準になるのです。逆に地域にこだわらず良いワインを望む人は、新世界の品種に注目します。新世界のワインは例外はありますが、基本的に使われているブドウの品種がラベルに書かれています。まずは16～21ページで紹介したスタンダードな品種を試してみましょう。

新世界のワインは一般に旧世界より安く売られています。これを利用して、カベルネ・ソーヴィニヨンなどの主要品種から造られた新世界のワインを飲んでみましょう。その品種そのものの味わいを体験できるはずです。そして単一ワインを味わった後で、旧世界のブレンドワインを飲んでみるのがいいでしょう。

では、旧世界のワインの良しあしはどう判断したらいいのでしょう。実は欧州諸国ではワインに格付けがなされ、原産地がラベルでわかるようになっています。代表的なのはフランスのＡＯＣ（48ページ参照）※。「原産地統制呼称制度」と訳され、指定の地域内で栽培されたブドウのみから醸造されるなどの厳しい条件を満たしたワインを指し、ブルゴーニュのシャブリ地区ならシャブリとラベルに書かれています。

※テーブルワインのような産地が記載されていないワインもある。

# 旧世界と新世界のワインのラベルはここをチェック!

## 1. 新世界のワイン

PINOT NOIR
新世界のワインは品種をチェックするのね
ピノ・ノワールって、こういう味なんだ!
FALERNIA
PINOT NOIR

まずは新世界の「単一ワイン」を選択して重要な品種の味を覚えます。
単一の味を覚えたら、いよいよ旧世界の「ブレンドワイン」にチャレンジします。

## 2. 旧世界のワイン

MÉDOC
ヨーロッパのワインのラベルは産地に注目だね
CHÂTEAU
VIEUX MAURAC
MÉDOC
地方名→地区名→村名→畑名と、産地が限定されるに従って、ワインの品質と値段は格上になるのね

how to choose
wine
テロワール

# ブドウの出来を決める「テロワール」とは？

ブドウは植物なので、ワインの味や風味はブドウの生育条件に大きく左右されます。そうした、ワインの質に大きな影響を及ぼす様々な条件をテロワールといいます。

ワインの品質を決める要素には品種の他に、ブドウの生育環境があります。これを「テロワール」と呼びます。テロワールが重要視されるのには、ブドウが環境に影響されやすいから。同じ地域でも微妙な生育条件の差で味わいが変わってきます。

例えば日照時間は成熟度から糖分、酸、タンニンなどに影響を与えます。ワイン用ブドウには年1000～1500時間の日照量が必要とされます。また土壌も水はけが良く、やせた土地がいいとされます。肥沃な土地では枝葉だけに栄養が行き、やせている方が果実に栄養が行きやすいという特徴があるのです。またミネラルが豊富な方がいいともされます。気温は年平均10～20℃が最適とされ、一般に暖かいと糖分が豊富に、寒いと酸味の強いワインになる傾向もあります。この他、雨量や標高、地面の傾斜、河川との距離などテロワールを決める要素は数多くあります。その年の気候によって、当たりの年とはずれの年があるというのもテロワールならではと言えます。

ワイン通になると、極上のワインを飲むだけで、その味を決めたテロワールを想像でき、それが楽しいという意見もあります。ワインを飲むとき、そのワインがどのような条件で生育したのかを考えてみるのも一興だと思います。

# テロワールを構成する要素

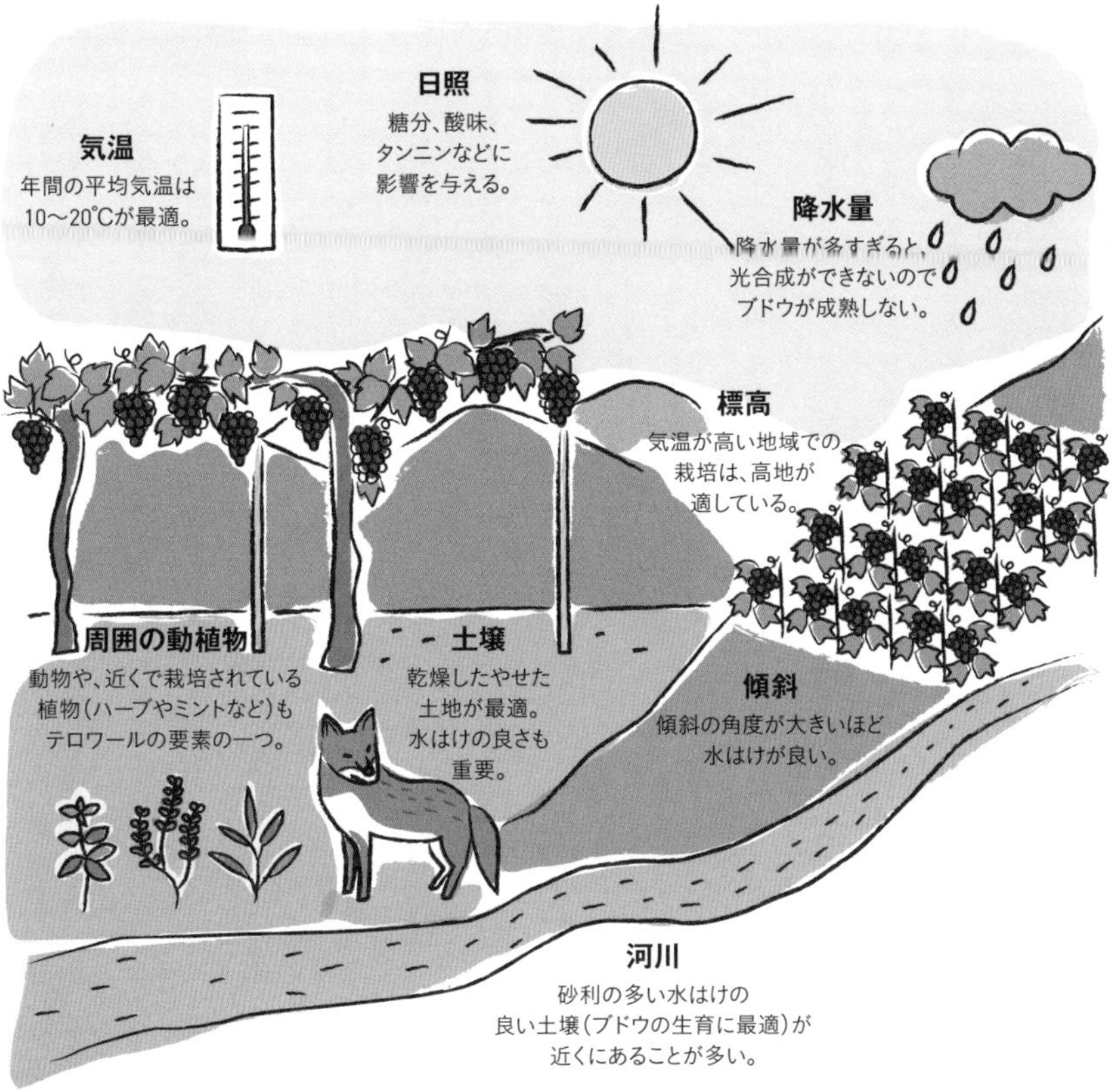

気温
年間の平均気温は
10〜20℃が最適。
日照
糖分、酸味、
タンニンなどに
影響を与える。
降水量
降水量が多すぎると、
光合成ができないので
ブドウが成熟しない。
標高
気温が高い地域での
栽培は、高地が
適している。
周囲の動植物
動物や、近くで栽培されている
植物（ハーブやミントなど）も
テロワールの要素の一つ。
土壌
乾燥したやせた
土地が最適。
水はけの良さも
重要。
傾斜
傾斜の角度が大きいほど
水はけが良い。
河川
砂利の多い水はけの
良い土壌（ブドウの生育に最適）が
近くにあることが多い。

ドイツのモーゼル川流域のブドウ畑。ヨーロッパで最も急な65度の勾配を持つ、急斜面の畑であるため、水はけが良く質のいいリースリングが育つ。

# 初心者が最初に飲む3本とは?

本書を手に取った方にはワイン初心者も多いかと思います。そういう方に最初に何を飲んだらいいかと問われたときは、とりあえず次の3本をすすめてみましょう。

これまで押さえておきたいワイン品種として赤・白6品種を紹介しました。また、ヨーロッパではその地域限定のブレンドワインもあることを記しました。そこで、「結局、何を飲めばいいの?」という疑問が生じるかもしれません。その答えとして、ここでは次の3つのワインを挙げます。赤ワインとしてはボルドー地方とブルゴーニュ地方。白ワインとしてはシャルドネという品種。赤ワインは産地で、白ワインは品種でセレクトしました。

まず大定番と言われるボルドーの赤、ブルゴーニュの赤を紹介します。同じフランスワインでもこの2つは対照的です。西のボルドーはボトルは「いかり肩」で、味は重厚で渋味が強いです。カベルネ・ソーヴィニヨンを中心にメルローなど複数のブドウをブレンドした味が特徴です。一方、東のブルゴーニュはボトルは「なで肩」で、味も軽めで渋味は少ないです。酸味と複雑な香りが特徴的なこのワインは、多くが単一のピノ・ノワールで造られています。シャルドネは産地によって味わいが多種多様。冷涼な気候ではスッキリとした味わいに、温暖な気候では濃厚な味わいになります。固有の強い風味を持たず、相対的にアルコールが高く果実感のあるシャルドネは、新樽を含め樽での醸造にも適し、澱《おり》と接触させて熟成させることで、酵母由来の複雑な風味を加えることも可能です。

# オススメの最初の3本

味が重厚だわ
タンニン(渋味)が強いね!

## 1 ボルドーワイン(赤)

ボルドーは複数のブドウ品種のブレンドによって、ワインの魅力を紡ぎ出す代表的なワインの産地。渋味が豊かで、力強く重厚な存在感があり、牛や羊などの肉料理とよく合う。

こちら、ロマネ・コンティになります

## 2 ブルゴーニュワイン(赤)

ブルゴーニュワインはボルドー産に比べて味がライト。また、単一品種で造られることが多く、例えば「ロマネ・コンティ」は黒ブドウのピノ・ノワールのみで造られる。

生牡蠣には白のシャブリが最高に合うな!

## 3 シャルドネ(白)

シャルドネは「白ワインの女王」と呼ばれており、原産地のフランス以外にもイタリア、スペイン、アメリカ、オーストラリアなど世界各地で栽培されています。

how to choose
wine
5大シャトー

# 世界的知名度の5大シャトーとは？

世界最高峰のワインの産地の一つであるフランスのボルドー。そんなボルドーワインの中で頂点に君臨するのが「5大シャトー」です。

「シャトー」とはフランス語で「城」を意味しますが、ワイン業界では自社畑を持ち、ブドウの栽培からワインの醸造まで行う「栽培家兼醸造家」を指します。これは特にボルドーに多く見られます。ボルドーのメドック地区のワインはパリ万博開催のためにナポレオン3世の命で、1855年に1級から5級のシャトーの格付けがされたのですが、現在その格付けがされているシャトーは61あります。その中で、1級に格付けされたシャトーが5大シャトーです。その5つのシャトーは、ラフィット・ロートシルト、マルゴー、ラトゥール、オー・ブリオン、ムートン・ロートシルトです。前の4つのシャトーは1855年から1級の格付けがされていますが、ムートン・ロートシルトは1973年に1級にランクアップしました。また、オー・ブリオンのみ唯一メドック地区以外のグラーブ地区から選出されています。

シャトー・ラフィット・ロートシルトのワイン（銘柄としてはポイヤックが有名）は1855年に格付けが行われた当時、最も高い取引額をつけたワインでした。そのため、5大シャトーの筆頭シャトーと形容される場合も多々あります。このシャトーのワインは優美で品格のある味わいが特徴で、かつて、ブルボン朝の第4代国王であるルイ15世が好んだワインとしても知られています。

# 5大シャトーのワイン

CHATEAU LATOUR　GRAND VIN DE LAFITE ROTHSCHILD　CHATEAU HAUT-BRION　CHATEAU MARGAUX GRAND VIN　Château Mouton Rothschild

## LAFITE ROTHSCHILD《ラフィット・ロートシルト》

香りがエレガントで
気品にあふれている。

## MARGAUX《マルゴー》

力強いが柔らかみがあり、
飲みやすい。

## LATOUR《ラトゥール》

杉やコーヒーのブーケが魅力。
濃厚で余韻が長い。

## HAUT-BRION《オー・ブリオン》

香りはスモーキーで
味わいは複雑。

5つのワイン
それぞれの魅力を堪能
してください

## MOUTON ROTHSCHILD《ムートン・ロートシルト》

パワフルで繊細な味わい。
香りはスパイシー。

how to choose
wine
貴腐ワイン

# 世界最高峰の甘口ワイン・貴腐ワインって何？

世界には高級ワインが無数にあります。その中に、甘口ワインの傑作と言われる貴腐ワインがあることを知っているでしょうか？

貴腐ワインは、非常に糖度の高い貴腐ブドウを使った最高級の甘口白ワインです。貴腐ブドウはもとは辛口ワインの品種でしたが、ボトリティス・シネレア菌というカビの一種にブドウの薄い果皮が影響を与えることで変化したものです。この影響により、ブドウの果皮の組織が破壊されます。ここに、昼間に乾燥した天気が1か月以上続くなど特定の気象条件が重なって、中の水分が蒸発します。この結果、凝縮した糖分などが残った貴腐ブドウができるのです。収穫は厳選して行われ、干しブドウ状のブドウからエキスを抜き取るため生産性は低いです。醸造においても発酵がしにくく、1杯のグラスワインをつくるのに1本のブドウの樹が必要になるともされます。これだけ苦労して造るため、その価格も高いものになります。しかし、その上品な甘口は一度飲んだら忘れられず、世界3大貴腐ワインも生まれました。一つはフランスのソーテルヌ。もう一つはドイツのトロッケンベーレンアウスレーゼで、残りの一つはハンガリーのトカイです。特にドイツは甘口ワインの生産が盛んでその中の最高級の一本になります。貴腐ワインはデザートワインとして楽しめるだけでなく、近年はブルーチーズやフォアグラなどを使った貴腐ワインに合う料理も増えてきたので注目です。

貴腐化したブドウの房。ボトリティス・シネレア菌が果皮のロウ質を壊すことにより、果汁中の水分が蒸発し、糖度が著しく濃縮されて、樹になったままで干しブドウのような状態になっていく。

# ナチュラルワインって何?

ナチュラルワイン、つまり自然派ワインが近年注目されています。これにはSDGsを進めようという世界的背景もあるのかもしれません。

ナチュラルワインは日本語で言えば自然派ワインです。自然や環境を重視したワインを提供していこうという考え方です。具体的には農薬や添加物、酸化防止剤（亜硫酸塩）、砂糖などを使わずに、純粋に搾汁した果汁だけで造ろうとするものです。生産に当たっても手摘みでブドウを収穫するなど、極力自然環境に配慮をしています。

なお、狭義のナチュラルワインにオーガニックワイン（有機ワイン）があります。有機栽培されたという意味のこのワインは、実質的にナチュラルワインとほぼ変わらず、栽培には化学肥料や合成化学物質を用いていません。ただし、専門の認証機関があり、そこで認められて初めてオーガニックを名乗ることができるのです。自然派ワインをはじめ、有機ワインなどは保存料である亜硫酸塩の使用を極力減らす傾向にあるため、ふつうのワインに比べ保存が難しいという問題があります。それでも注目されているのは、地球環境が温暖化など危機的状況にある実情からです。昔ながらのテロワールに基づいて栽培・醸造したナチュラルワインを味わい、地域のことを考えるのはワインの新たな楽しみです。原産地から遠く離れた空調の効いた高級レストランで受け売りのウンチクを振りかざすより、原産地の自然環境保護を本気で思い、そのワインを味わう方がワインにとっては幸せかもしれません。

## オーガニックワインの造り方

### 化学肥料や除草剤を使わない

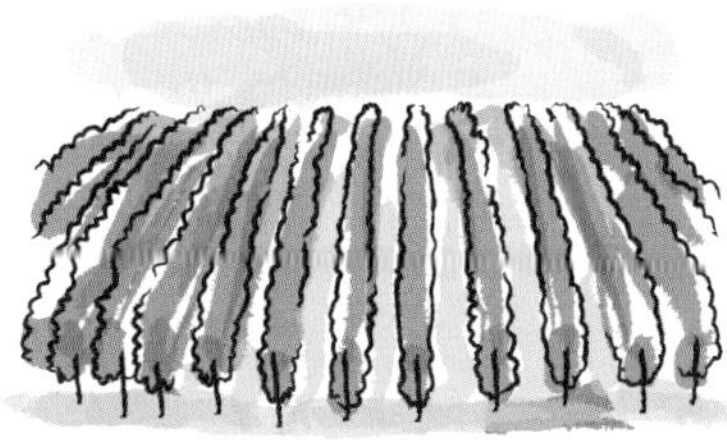

### 遺伝子組換え技術を利用しない

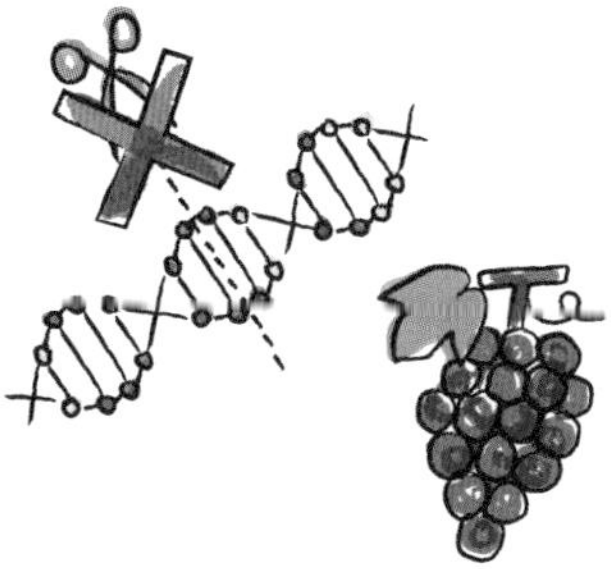

### オーガニックワインの香り

品種そのものが持っている特性が感じられ、フルーティーな香りがする。

### オーガニックワインの味

飲み口が柔らかく、ブドウそのものの味わいをしっかり感じられる。

ナチュラルワイン(オーガニックワイン)の条件としては、化学肥料や除草剤などの合成化学物質を使わないことなどが挙げられるが、それはあくまでも手段であって目的ではない。その真の目的は、ブドウ本来の美味しさ、それを育んだテロワールが感じられる豊かなワインを造ることにある。

Column 1

# ワインが誕生したのは8000年前のジョージア？

ワインがどこで初めて造られたのかという問いへの正確な答えは今のところ出てはいません。イラン、中国、ギリシャなど様々な説がありますが、8000年前の現在のジョージアが発祥地ではないかという説が有力です。コーカサス山脈の南部に位置するこの国には、ワイン醸造に関係した古代の遺跡が多数発見されていますし、ジョージアのワインがメソポタミアを経由してエジプトまで運搬されていたという記録も残っています。

ジョージアのワインは世界3大美女の一人として知られているエジプトの女王クレオパトラにも愛飲されていたと伝えられています。それゆえ、ジョージアワインの別名は「クレオパトラの涙」と言います。

ジョージアのワインは大きな壺に入れ、地下に埋め、醸造されます。この製造方法は古代から伝わるもので、世界遺産にも登録されています。現代のワインの醸造方法とは大きく異なっていますが、この方法によって甘味のある柔らかな風味のワインが今も造られています。

ジョージアの古都ムツヘタの街並み。ジョージアでは、地中に埋めた土器で発酵を行うという古くからのワイン製法が、現在も守り続けられている。

Chapter

# 2

# 生産地を知れば ワインの違いがわかる

産地はワインの味を決める重要なファクターの一つ。
産地が異なれば、ブドウの品種や生育環境、栽培方法、
醸造方法なども異なるため、「どこで造られたか」を知ることが、
そのワインを理解する第一歩となるのです。本章では旧世界と新世界の
ワインの主要生産地を網羅的に紹介していきます。

wine
ワイン産地

# 世界地図でワイン産地を俯瞰《ふかん》する

世界的に人気の高いアルコール飲料であるワイン。ワインの生産はワインベルトを中心に行われていますが、その生産量や消費量は毎年、変化しています。

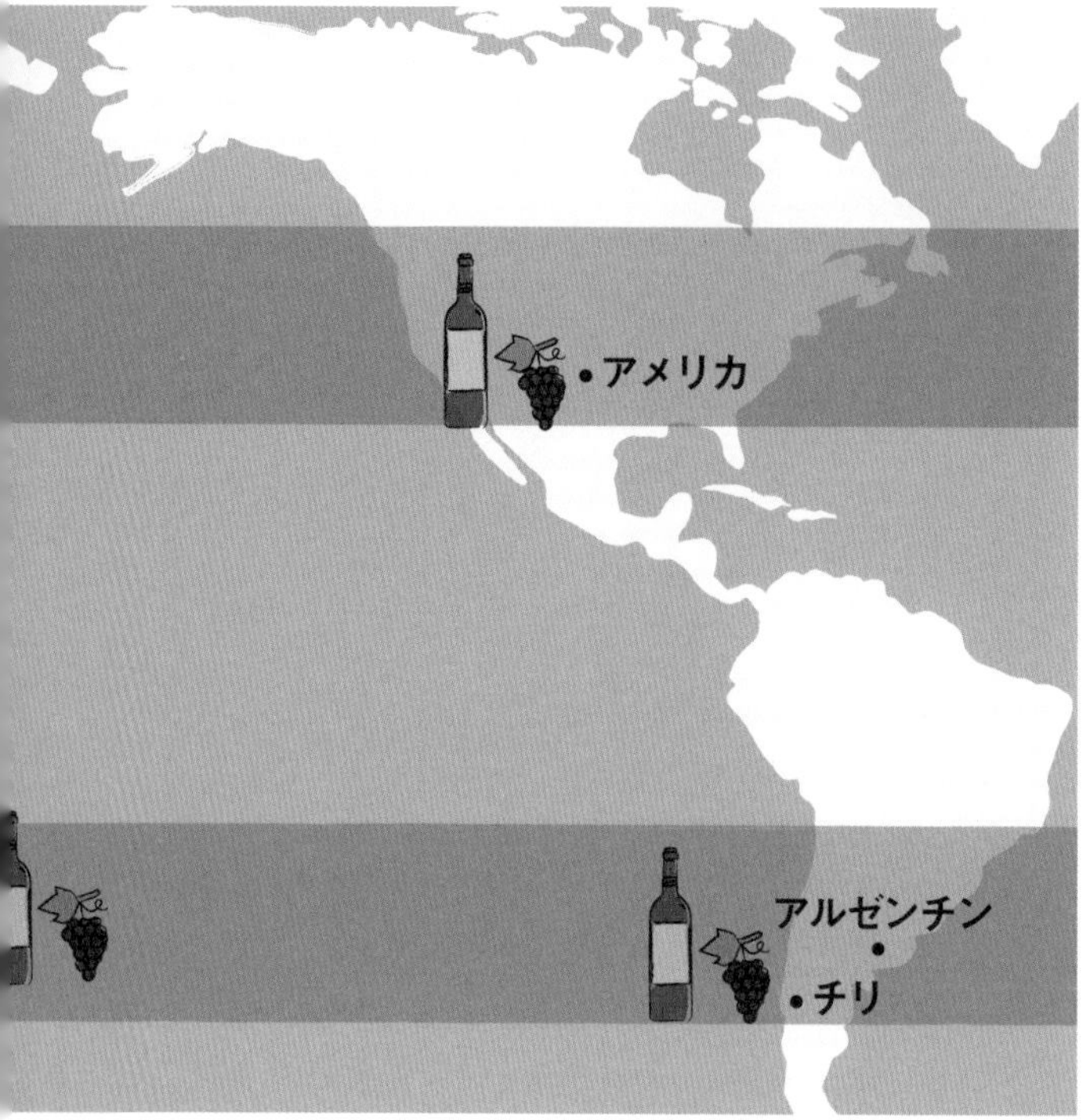


ワインは世界中の人々に愛飲されているアルコール飲料ですが、ワインの生産地帯は北緯30〜50度、南緯30〜50度と地域が限定されています。この地帯は、年間平均気温が10〜20℃、年間雨量が500〜800㎜、ブドウの開花から収穫までの日照時間が1250〜1500時間で、ワイン生産に非常に適しており、ワインベルトと呼ばれています。ワインベルトでは伝統的にワイン生産が盛んなヨーロッパだけでなく、南北アメリカや南アフリカ、オセアニアにおいても非常に多くのワインが造られています。

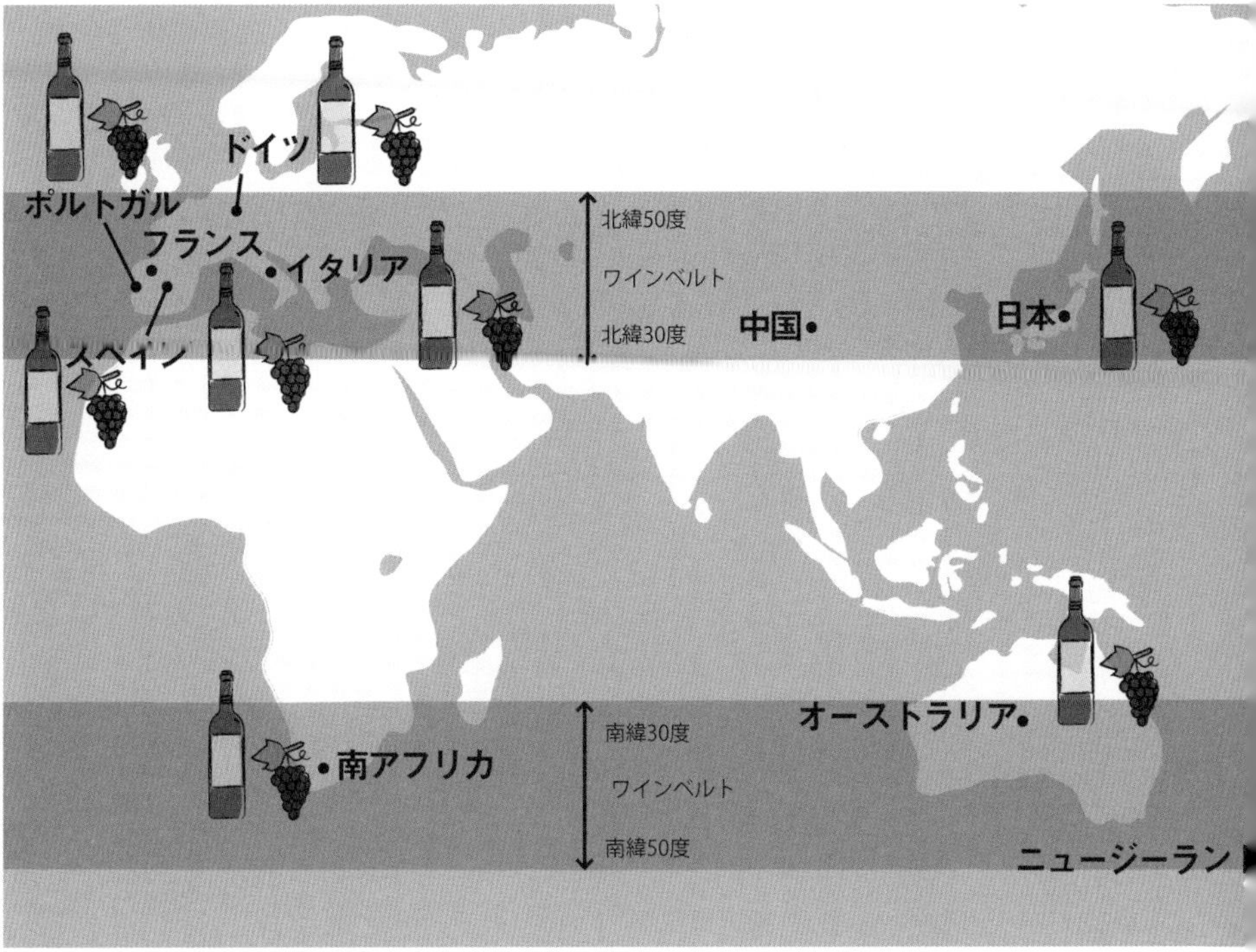


ワインの生産量は年度によって異なりますが、2021年の世界葡萄・ワイン機構（OIV）統計では第1位がイタリア、第2位がスペイン、第3位がフランス、第4位がアメリカ、第5位がオーストラリアとなっています。2020年の消費量はOIVによると第1位がアメリカ、第2位がフランス、第3位がイタリア、第4位がドイツ、第5位がイギリスとなっています。この2つのデータを見れば、ワインと言えばヨーロッパという状況が変わってきていることがはっきりとわかります。

しかしながら、昔も今も、ワインが世界中の人々に愛飲され続けているアルコール飲料であることには変わりはありません。最近では、以前、ワインをあまり飲んでいなかったアジアの人々もワインを愛飲するようになりました。

FRANCE
フランス

# ワイン通の聖地 フランス

ワインの発展を常に先導してきた歴史のあるフランス。フランスという国にはワインの生産と文化を守るためのＡＯＣという優れた制度が存在しています。

ワインと言えば、フランスです。ＯＩＶによれば、２０２１年のフランスのワイン生産は３４２０万ヘクトリットルで、２０２０年度のブドウの栽培面積が75・２万haです。この国は長らくブドウ生産量輸出量第1位であったため、優れたワイン生産の伝統があり、常に変わらない世界的な評価を受けています。フランスのワイン生産地はおよそ10の地方に分けられます。伝統と格式のあるボルドー地方とブルゴーニュ地方。ブルゴーニュ地方南部にはボージョレ・ヌーヴォーで有名なボージョレ地区があります。シャンパン生産で知られたシャンパーニュ地方。ロワール川流域にあるロワール地方。カジュアルなワインの生産地、ローヌ地方。ワイン生産や文化でドイツの影響の強いアルザス地方。ロゼが有名なプロヴァンス地方。フランスワイン生産量トップのラングドック・ルーション地方です。

フランスのワイン生産と文化を支えているものがＡＯＣ（48ページ参照）制度です。ＡＯＣは「原産地統制呼称制度」などと訳されている農作物や食品の原産地の特異性や権利を保護する目的でつくられた厳格な法律です。ＡＯＣによってフランスの農作物やワインはその品質や特異性が国家によって保証されており、消費者が安心してフランスのワインを飲むことができるのです。

フランスを代表するワインの産地であるボルドー地方のブドウ園。フランスは国内に多くのブドウ畑とワイン醸造所を擁する。

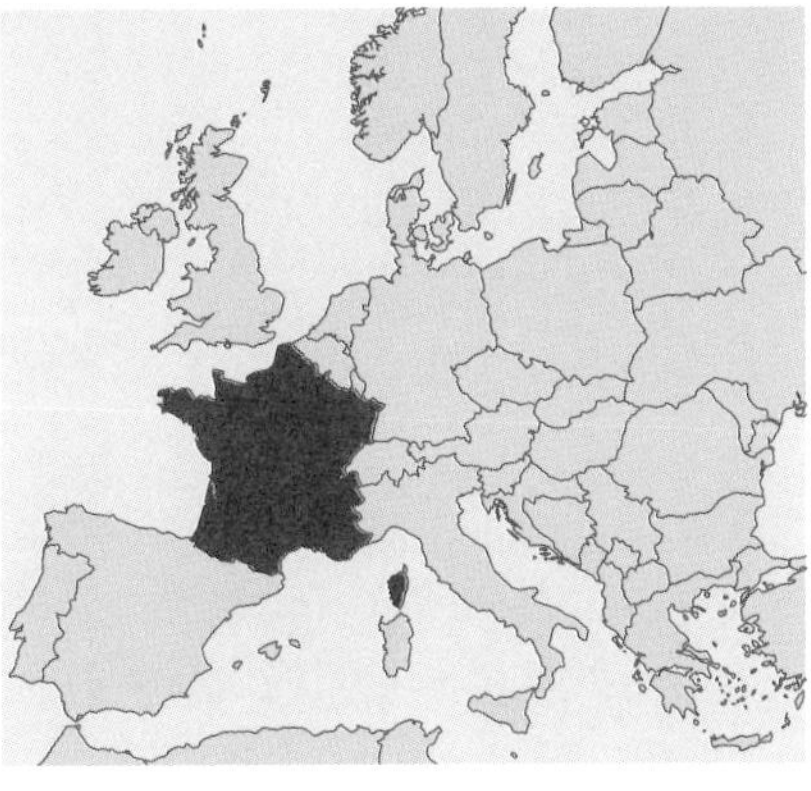

FRANCE
フランス

# フランスにおけるワイン造りの担い手

ワイン生産はボルドーではシャトーが、ブルゴーニュではドメーヌが担っています。また、ネゴシアンがワイン流通の中心的な役割を果たしています。

フランスにおいてワイン生産と深く係わっているのが、シャトーとドメーヌとネゴシアンです。シャトー（château）とは元々は「お城」や「大邸宅」のことを指しますが、ボルドー地方ではワイン生産のためのブドウ畑を所有していて、ブドウを栽培し、ワインを醸造し、熟成させ、瓶詰めまでの生産過程を行う業者をシャトーと呼びます（厳密にはボルドー以外の地方にもみられます）。シャトーは大きなブドウ畑を持っていますが、元々、ブドウ畑の傍に大邸宅を持つ貴族がワイン業を行っていたためにこう呼ばれるようになったと言われています。一方、ブルゴーニュ地方のワインの造り手は主にドメーヌ（domaine）と呼ばれています。シャトーが大規模経営のワイン生産者が多いのに対して、ドメーヌは畑単位の小規模な生産者がほとんどであるという大きな違いがあります。

ネゴシアン（négociant）もワイン産業において重要な仕事を行っています。しかし、ネゴシアンはボルドーとブルゴーニュでは役割が異なっています。前者ではワインの販売が主な仕事で商人としての側面が強く、後者では栽培農家からブドウ（あるいは若いワイン）を買って醸造やブレンドを行い、自社ラベルのワインを売る生産者としての側面が強いものとなっています。

## シャトー

主にフランスのボルドー地方で、ブドウ畑を所有し、栽培から醸造・熟成・瓶詰めまでを自分たちで行うワイン生産者を指す。シャトーはフランス語で、「城」や「大邸宅」を意味する。ボルドー地方以外では南フランスなどでも使われている。

## ドメーヌ

主にブルゴーニュのワイン生産者を指す。シャトーと同じく、ブドウ栽培から醸造・熟成・瓶詰めまでを行うが、ドメーヌは畑単位の小規模な生産者が多い。一つの畑に対して複数の所有者が存在するのが一般的。ただし、「モノポール」という「単独所有者畑」もある（58ページ参照）。

## ネゴシアン

フランス語で交渉人を意味する言葉。ボルドーではワインの流通・販売業者を指し、ブルゴーニュではブドウ栽培農家やドメーヌからワインの原料となるブドウやワインを買い付けて、醸造、ブレンドや熟成、瓶詰めを独自に行い出荷する生産者を指す。

FRANCE

フランス

# フランスをワイン大国にしたAOC制度

ワイン大国フランスを支えている制度がAOCです。この法律はフランスワインの世界的な評価を確固たるものにし、自国のワイン産業を保護する基盤となっています。

44ページで触れたように、フランスのワイン生産と文化を根本的に支えているものがAOC制度です。AOC(Appellation d'Origine Contrôlée)は「原産地統制呼称制度」などと訳されている農作物や食品の原産地の特異性や権利を保護する目的でつくられた厳格な法律です。AOCによってフランスの農作物やワインはその品質や特異性が国家によって保証されており、消費者が安心してフランスのワインを飲むことができるのです。また、この法律はEUの農作物や食品に対する法律のベースともなっています。

AOCは地域の特異性を尊重するテロワール中心のフランスの農業製品に対する考え方がよく表れたものですが、AOCがあるからこそ、フランスワインの現在の地位があり、世界中で評価され続けていると言っても過言ではありません。

AOCは1935年にジョセフ・カピュス上院議員によって提案された法律ですが、AOCの中のC、つまり、Contrôléeという語は「統制・管理」という意味で、製品や作物の品質の統制であり、管理です。ワインに関しての品質を管理するための指標としては、生産地域やブドウの品種の他、1ha当たりの収穫量、ワインの最低アルコール濃度といった栽培、醸造方法に関する様々な事柄が審査項目となっています。

# フランスワインの品質分類

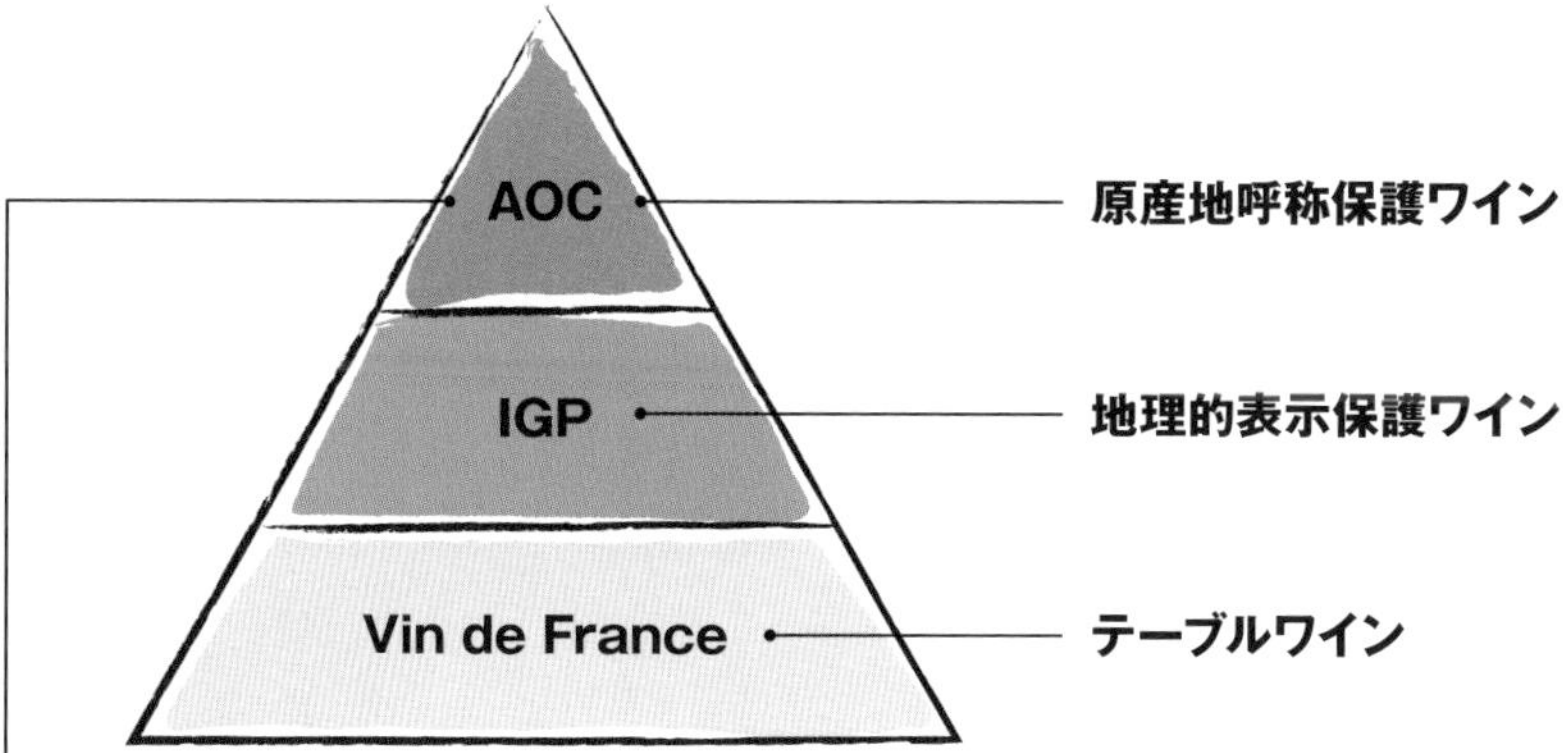


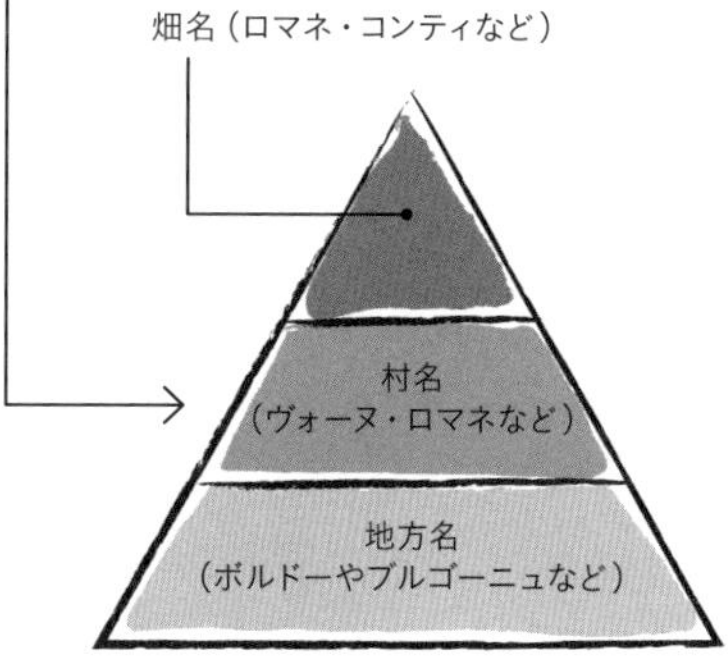


フランスのワインは、右ページで紹介したAOCを頂点に、その下にIGP、Vin de Franceと、品質によって3つの階層に分かれている。AOCは2009年の法改正（EU新ワイン法）で、AOP（原産地呼称保護）という格付け表記になったが、従来通りのAOC表記も認められている。IGPもAOCと同じく栽培地域による表示だが、AOCよりも制限が厳しくなく、指定地域内で栽培されたブドウの85%以上を使用すれば名乗れる。

AOCは「Appellation d'Origine Contrôlée《アペラシオン・ドリジーヌ・コントロレ》」の略で、Origineのところに、地域名が入る。例えば、下記のワインのラベルならば、OrigineのところにRomanée-Contiが入っていることから、ロマネ・コンティの畑が産地であることがわかる。なお、AOCでは、一般に「地方名→村名→畑名」というように、地区名から畑名に近づいて規模が小さくなるほど希少性・高級感が高くなっていく。例えば、「ブルゴーニュ（地方名）→ヴォーヌ・ロマネ（村名）→ロマネ・コンティ（畑名）」といった感じである。

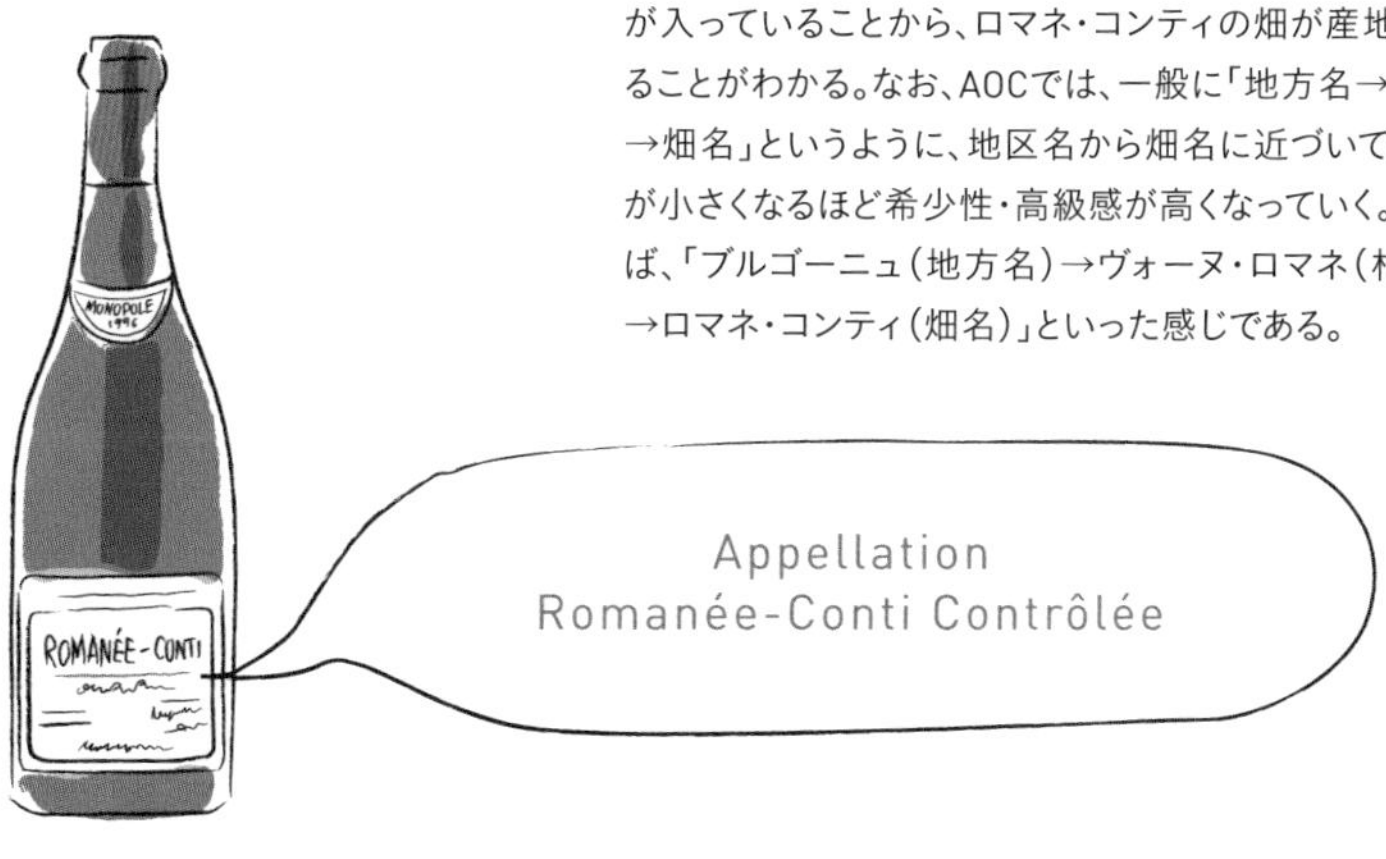

FRANCE
Bordeaux
ボルドー

# 「重厚な赤」が真骨頂のボルドー

ワインの国であるフランスの中でも、ボルドーは歴史と伝統に支えられた特別な生産地域。ワイン道を極めたかったら、まずはボルドーを極めましょう。

フランスの南西部ジロンド県の中心都市がボルドーです。ボルドー周辺のガロンヌ川沿いには12万haという広大なブドウ畑が広がり、年間約7億本のワインが生産されています。そのほとんどは赤ワインですが、白ワインも造られています。ボルドーワインは世界的にも高名ですが、テーブルワインから最高級ワインまで様々な種類のワインが造られており、古くから世界中の人々に愛飲されています。

ボルドー地方のワインの歴史はとても古いものです。この地方にワインが伝えられたのはシーザーのガリア遠征（前58年～前51年）後であったと言われています。その後フランク王国が成立し、ワインが現在のフランス一帯で一般的なアルコール飲料になっていき、ワイン生産が盛んに行われるようになりました。12世紀、イギリスでボルドーワインの人気が高まり、多くのボルドーワインがイギリスに輸出されるようになりました。１３３７年から始まった百年戦争中も、ボルドーのワインはイギリスに輸出され続けました。

メドック地方がボルドーワインの中心地となるのは17世紀です。オランダの貿易商人が湿地帯を干拓する土地改良を行い、この地域がボルドー一帯の最高級ワインの産地となりました。１８５５年、この

ボルドー地方メドック地区のポイヤック南東端に位置するシャトー・ラトゥール。ボルドー地方の最高級ワインを生産する5大シャトーの一つである。

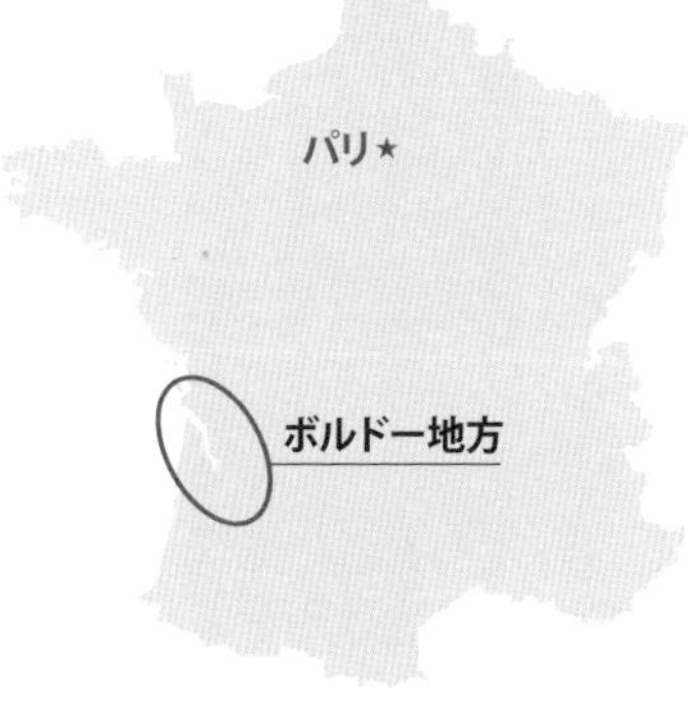

地方のワインの格付け（grands crus classés）がナポレオン3世の命で初めて行われ、この格付けによってボルドーワインの世界的な地位は確固としたものになりました。

## ワインの女王と形容される理由

ボルドー地方で生産されているワインは「ワインの女王（reine des vins）」と形容されています。そう言われるには様々な説があるのですが、最もよく指摘される理由は次のようなものです。

一つは、ボルドーワインはブルゴーニュワインのように単一の品種のブドウから造られず、複数の品種のブドウをブレンド（アッサンブラージュ）してワインを醸造しているために繊細さと複雑な味わいがあることが女性的であると考えられたから。もう一つは、熟成すると味わいが微妙に変化することも、ボルドーワインの特徴ですが、そのナイーブに変化する味わいが女性的であると捉えられているからです。

なお、この地方の赤ワインの原料となる主な品種はカベルネ・ソーヴィニヨン、メルロー、カベルネ・フランで、白ワインの原料となる主な品種はソーヴィニヨン・ブランとセミヨンです。

## ボルドー地方のワイン造りの中心はメドック地区

ボルドー地方のワイン生産で特に有名な地区は、メドック、グラーヴ、ソーテルヌ、サンテミリオン、ポムロールの5つ。ここでは、今挙げたそれぞれの地区について詳しく見ていきましょう。

50ページなどで触れたメドック地区は、太平洋とジロンド川に挟まれた場所に位置し、メドック、オー・メドック、サン・テステフ、ポイヤック、サン・ジュリアン、マルゴー、ムーリス、リストラックな

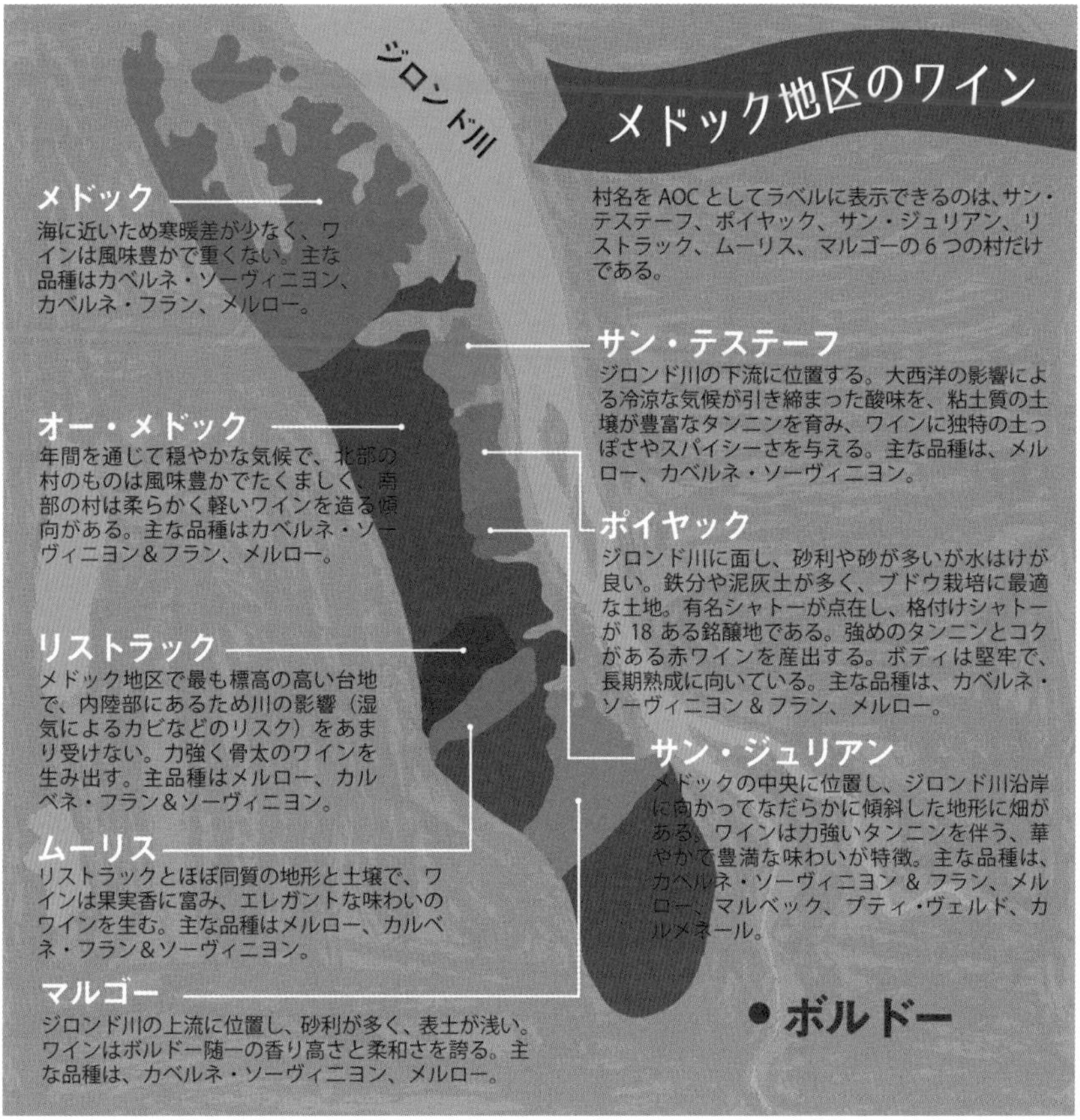
ジロンド川
メドック地区のワイン
村名をAOCとしてラベルに表示できるのは、サン・テステーフ、ポイヤック、サン・ジュリアン、リストラック、ムーリス、マルゴーの6つの村だけである。
メドック
海に近いため寒暖差が少なく、ワインは風味豊かで重くない。主な品種はカベルネ・ソーヴィニヨン、カベルネ・フラン、メルロー。
サン・テステーフ
ジロンド川の下流に位置する。大西洋の影響による冷涼な気候が引き締まった酸味を、粘土質の土壌が豊富なタンニンを育み、ワインに独特の土っぽさやスパイシーさを与える。主な品種は、メルロー、カベルネ・ソーヴィニヨン。
オー・メドック
年間を通じて穏やかな気候で、北部の村のものは風味豊かでたくましく、南部の村は柔らかく軽いワインを造る傾向がある。主な品種はカベルネ・ソーヴィニヨン＆フラン、メルロー。
ポイヤック
ジロンド川に面し、砂利や砂が多いが水はけが良い。鉄分や泥灰土が多く、ブドウ栽培に最適な土地。有名シャトーが点在し、格付けシャトーが18ある銘醸地である。強めのタンニンとコクがある赤ワインを産出する。ボディは堅牢で、長期熟成に向いている。主な品種は、カベルネ・ソーヴィニヨン＆フラン、メルロー。
リストラック
メドック地区で最も標高の高い台地で、内陸部にあるため川の影響（湿気によるカビなどのリスク）をあまり受けない。力強く骨太のワインを生み出す。主品種はメルロー、カルベネ・フラン＆ソーヴィニヨン。
サン・ジュリアン
メドックの中央に位置し、ジロンド川沿岸に向かってなだらかに傾斜した地形に畑がある。ワインは力強いタンニンを伴う、華やかで豊満な味わいが特徴。主な品種は、カベルネ・ソーヴィニヨン＆フラン、メルロー、マルベック、プティ・ヴェルド、カルメネール。
ムーリス
リストラックとほぼ同質の地形と土壌で、ワインは果実香に富み、エレガントな味わいのワインを生む。主な品種はメルロー、カルベネ・フラン＆ソーヴィニヨン。
マルゴー
ジロンド川の上流に位置し、砂利が多く、表土が浅い。ワインはボルドー随一の香り高さと柔和さを誇る。主な品種は、カベルネ・ソーヴィニヨン、メルロー。
ボルドー

メドック地区にあるマルゴー村のブドウ園。格付け第1級であるシャトー・マルゴーを筆頭に、世界のワイン愛好家を魅了し続ける生産地である。

どの地域（村）から構成されます。また、ボルドー地方の最高級ワインを生産する5大シャトーのうち、ラフィット・ロートシルト、マルゴー、ラトゥール、ムートン・ロートシルトの4つのシャトーが存在します。5大シャトーの4つまでがあるメドック地区は、ボルドー地方のワイン生産のまさに中心と呼べる地域です。

ボルドーの南、ガロンヌ川左岸に位置するグラーヴ地区には、5大シャトーの一つであるシャトー・オー・ブリオンがあることでよく知られています。オー・ブリオンのワインは、格付けが最初に行われた当時からその名をフランス中に轟《とどろ》かせていました。繊細で複雑な味わいが特徴で、1814年に開かれたウィーン会議で各国代表にシャトー・オー・ブリオンのワインが振る舞われたことで世界中に知られるようになりました。また、この地区の赤ワインはカベルネ・ソーヴィニヨンをベースとしたものが多く、程よく熟成したものを楽しめます。セミヨンやソーヴィニヨン・ブランをベースとしたこの地区で造られる白ワインも、その爽やかな味わいが評価されています。

ガロンヌ川中流、ボルドーの上流約40㎞の場所に位置するのがソーテルヌ地区。この地区のワインとしては甘口の白ワインが有名で、シャトー・ディケムは1855年の白ワインの格付けで最高級の評価を受けました。また、ソーテルヌ地区では糖度が高く芳醇な香りのする貴腐ワインの生産が盛んに行われています。ソーテルヌ地区の貴腐ワインは、ドイツのトロッケンベーレンアウスレーゼとハンガリーのトカイと並ぶ世界3大貴腐ワインの一つとして世界的に知られています。

サンテミリオン地区はボルドーの北、ドルドーニュ川の右岸の地区です。ボルドー右岸と呼ばれる地域の中でも特に広大なブドウ栽培が行われており、

サンテミリオン地区のブドウ園。メドックとは異なり、メルローに由来するタンニンや酸の穏やかなワインが造られる。

この地区には1000余りのシャトーがあります。サンテミリオン地区のワインはメルローを中心にブレンドされた赤ワインが主で、ボルドー左岸のカベルネ・ソーヴィニヨンを中心に造られたワインが重厚な味わいであるのに対して、柔らかく、清涼感のある芳醇な味わいがあるという特徴があります。

ボルドー右岸地域を代表する、ドルドーニュ川右岸に位置するポムロール地区は、元々は、白ワインの産地でしたが、現在はメルローを中心とし、カベルネ・フランをブレンドした赤ワインが造られています。この地区のワインは濃いルビー色をしていることが特徴で、渋味と酸味を同時に楽しめる濃密なワインであると言われています。また、左岸のメドック地区などと比べて小規模で、中には家の軒先でワインを造るような生産者もいることから、「ガレージワイン」などと呼ばれることもあります。

FRANCE
Bourgogne
ブルゴーニュ

# 「ロマネ・コンティ」の聖地 ブルゴーニュ

ボルドー地方と並ぶフランスワインのメッカ、ブルゴーニュ地方。単一品種によって生産されるこの地方のワインは、まさに王様の味と形容できるものです。

ブルゴーニュ地方はボルドー地方と並ぶフランスの2大ワイン産地として世界的に知られています。この地方のワインは「ワインの王(roi des vins)」と形容されており、そこでは伝統と格式を備えた高級ワインが造られています。この地方は比較的涼しい大陸性の気候で、昼と夜との温度差が大きく、ブドウの生育に非常に適しています。

ブルゴーニュ地方では、赤ワイン用では主にピノ・ノワールが、白ワイン用では主にシャルドネの単一品種のブドウを使ったワイン造りが行われています。こうして生産されたワインはランクの上から表記すれば、グラン・クリュ、プルミエ・クリュ、村名、地域名という4つに格付けされています。それぞれの格付けワインのブルゴーニュ地方全体におけるパーセンテージは、1.4%、10%、36%、52.5%となっています。

ブルゴーニュ地方のワイン生産はボルドー地方とは違い、ドメーヌ(46ページ参照)と呼ばれる小規模生産者によって造られているのが特徴です。ブルゴーニュ地方のワインは地域の特性を生かしたものがとても多いのですが、特に、赤ワインは鮮やかな赤い色をしており、苦味成分のタンニンが少なく、すっきりとした酸味のある優雅な味わいがあるものが多いと評価されています。

また、白ワインは、キレがあって適度な酸味もあ

シャブリ地区のブドウ畑。シャブリ地区は寒冷な気温と石灰質な土壌が特徴的で、シャルドネから造られるミネラル感あふれる酸味とキレを併せ持つ辛口の白ワインが有名。

るのが特徴で、コート・ド・ボーヌ地区を中心として生産されています。

## 単独所有《モノポール》の畑で造られるロマネ・コンティ

ブルゴーニュ地方のワイン造りは2世紀にすでに始まっていたと言われており、4世紀にはワインの産地となっていました。ブルゴーニュ地方のワイン生産をフランス全土に知らしめたのは、ベネディクト会とシトー会の修道士たちです。特に、ベネディクト会のクリュニー修道院は13世紀の後半に広大なブドウ畑を所有し、多くの修道士がブドウ畑で学習と労働による規律正しい生活を日々送り、現在まで続くブルゴーニュ地方のワイン生産の礎を築き上げました。その後、修道会のブドウ畑は貴族の所有となりましたが、1789年のフランス革命以降は、ブドウ畑が市民に開放され、この地方の畑の栽培者の一つ一つの所有区画が小さくなっていき、現在に至っています。

## 辛口白ワインの最高峰・シャブリ

ブルゴーニュのワイン生産地は一般的に言って、シャブリ地区、コート・ド・ニュイ地区、コート・ド・ボーヌ地区、コート・シャロネーズ地区、マコネ地区、ボージョレ地区の6つに大別されます。ここでは、これらの地区の中で、特に重要なシャブリ地区、コート・ド・ニュイ地区、コート・ド・ボーヌ地区の説明をしていきます（ボージョレ地区は重要な地区ですので、64ページで個別に取り上げます）。

シャブリ地区はブルゴーニュ地方で最も北にあるワイン生産地区です。冷涼で、一日の寒暖差が大きな気候であり、ミネラル分を豊富に含んだ石灰岩と泥灰岩でできたキンメリジャンと呼ばれる土壌を有

左のイラストは中世フランスの修道士たちがブドウを収穫している様子を描いている。右の写真は現在のクリュニー修道院。ブドウ畑を所有し始めた13世紀頃に完成した建物はフランス革命のときに一部を残し破壊された。

コート・ド・ニュイ地区にあるロマネ・コンティのブドウ畑。ドメーヌ・ド・ラ・ロマネ・コンティ（DRC）社が単独所有（モノポール）する特級畑（グラン・クリュ）である。

しています。この地区は20余りの村から構成されていて、そこではシャルドネの単一品種のブドウ栽培が行われており、白ワインの生産が盛んです。シャブリ地区の辛口の白ワインは果実のかぐわしさがあり、ミネラル分のきいた芳醇な味わいがあります。そのため、辛口白ワインの最高峰であるという世界的な評価を得ています。また、シャブリのワインは牡蠣との相性が最高に良いとも言われていますが、その爽やかでありながらも絶妙なニュアンスのある味わいは和食にも合います。

この地区のワインの銘柄としては、ヴァンサン・ドーヴィサ、ジュリアン・ブロカール、ルイ・ジャド、フランソワ・ラヴノー、ブシャールといったものがよく知られています。

## 最高級のワインを生む黄金の丘陵

コート・ド・ニュイ地区は、南北に50㎞から60㎞続く、日当たりの良い斜面にあるブドウ栽培の好適地であるコート・ドール（côte d'or：黄金の丘陵）と呼ばれる丘の北側に位置する地区です。この地区には、ジュヴレ・シャンベルタン、モレ・サン・ドニ、シャンボール・ミュジニー、ヴージョ、ヴォーヌ・ロマネという最高級のグラン・クリュのワインを生産している村があります。

また、コート・ド・ニュイ地区で栽培される品種の約90%がピノ・ノワールで、ブルゴーニュ地方の赤ワインの最高ランクのグラン・クリュのほとんどのものがこの地区で生産されています。世界で最も高価な赤ワインの一つとしてしばしば語られるロマネ・コンティが造られているのもこの地区です。ロマネ・コンティはこの地区のヴォーヌ・ロマネ村で年間6000本程しか生産されないワインです。このワインは常にバランスに優れた味わいで、口の中に入れるとその絶妙な味わいの余韻が長く残ると言われています。

コート・ド・ボーヌ地区はコート・ド・ニュイ地区の南に位置する地区で、ボーヌを中心として南北25㎞に延びた地区です。コート・ド・ボーヌ地区もコート・ド・ニュイ地区同様にワイン用のブドウ栽培に非常に適した地区ですが、コート・ド・ニュイ地区に比べて斜面の勾配が緩やかで、土壌の成分が多様であるという特徴があります。

コート・ド・ニュイ地区が最高級赤ワインの産地であるのに対して、コート・ド・ボーヌ地区は最高級白ワインの産地であると評されています。ここではシャルドネやピノ・ブランを用いた白ワインが生産されていますが、モンラッシェの辛口白ワインが特に有名です。芳醇でコクがありながらもまろやかな味わいがあると言われています。

コート・ドール(黄金の丘陵)のブドウ畑。その名は秋のブドウ収穫後に色づいたブドウの樹々で美しい黄金色になる畑の様子に由来している。ブルゴーニュ地方の中でも特に素晴らしいワインを産出する地区として名高く、北側はコート・ド・ニュイ地区、南側はコート・ド・ボーヌ地区が広がる。

FRANCE
Loire
ロワール

# 食事に合わせやすい白が魅力 ロワール

ロワール川沿岸は食の宝庫で、ワインもバラエティに富んでいますが、ロワールのワインと言えば、口当たりの良いロゼワインがおすすめです。

ロワール川は全長1000㎞を超すフランス一の大河です。その沿岸に広がる地方はその広大さによって地形、土壌、気候などが変化に富んでいるという特色を持っています。ワインに関しても、赤、白、ロゼ、スパークリングワイン、貴腐ワインといった様々なものが生産されていますが、この地方のワインは爽快で、気品のある味わいのものが多く、和食や中国料理にも合います。

ロワールワインで特に有名なものはロゼワインです。ロワールのロゼワインとしては、ロゼ・ダンジュ、カベルネ・ダンジュ、カベルネ・ド・ソーミュール、ロゼ・ド・ロワールの4大ロゼワインが有名ですが、この中のロゼ・ダンジュは世界的にもその名を轟かせています。このワインはフレッシュかつ軽快で口当たりが良いことが特徴で、世界中に愛飲者を持っていることで知られています。その飲みやすさによってワインに親しみのない人にも受け入れられやすいと言われています。

また、ロワール川下流のペイ・ナンテ地域では、ミュスカデを使った辛口の白ワインがよく知られています。このワインは発酵後に澱《おり》引きをしないで、ワインと澱をタンクの中で長期間接触させて製造するこの地域の伝統的なシュール・リー製法で造られるため、深みのある味わいになります。

ロワール地方のブドウ畑の風景。美しい田園風景に古城が点在する風光明媚なワイン産地として知られている。ペイ・ナンテ地区、アンジュー＆ソーミュール地区、トゥーレーヌ地区、サントル・ニヴェルネ地区の4つに分かれている。

FRANCE
Beaujolais
ボージョレ

# 日本で大人気の「ヌーヴォー」ボージョレ

新鮮さとフルーティーな味わいで日本でも非常に人気の高いワインがボージョレ・ヌーヴォーです。このワインの解禁日には多くの人がお店に足を運びます。

ブルゴーニュ地方南部、フランス第2の都市リヨンの北部に位置するボージョレ地方。そこで、毎年新たに収穫したブドウを使って造った新酒がボージョレ・ヌーヴォーです。ヌーヴォー（nouveau）はフランス語で「新しい」という意味です。ボージョレ・ヌーヴォーはガメイ種のブドウによって製造されます。ブドウの発酵の仕方も独特で、この地方ではブドウの房をそのままタンクに入れ、発酵させます（マセラシオン・カルボニック法）。

ボージョレ地方のワインはタンニンが控えめで、渋味が強く出ず、素朴な味わいであると言われています。しかし、ボージョレ・ヌーヴォーは新酒であるため、そのフレッシュな味わいが大きな特徴になっています。

ボージョレ・ヌーヴォーを世界的に広めたのはジョルジュ・デュブッフです。彼は自らの名前をつけた会社を創設しただけでなく、ボージョレ・ヌーヴォーの解禁日を世界的に宣伝したのです。この商業戦略は成功し、世界の多くの人々がボージョレ・ヌーヴォーの爽やかな味わいを求めて、このワインを求めるようになりました。日本は日付変更線の関係でフランス本国よりも解禁日（11月の第3木曜日の午前0時）が早いために、ボージョレ・ヌーヴォーの人気は非常に高いものとなっています。

ボージョレ地方のブドウ畑の秋の風景。この地で生産されるボージョレ・ヌーヴォーは日本で大人気で、毎年解禁日には多くの人が販売店に並ぶ。

FRANCE
Champagne
シャンパーニュ

# 「シャンパン」の産地 シャンパーニュ

世界的に有名なシャンパンはシャンパーニュ地方のワインです。その甘美な味わいによってシャンパンは記念式典の美酒としての地位を確立しています。

シャンパーニュ地方のワインと言えば、シャンパン。シャンパンはこの地方で生産されるスパークリングワインだけに用いられる呼び名です。以前は多くの国でスパークリングワインをシャンパンと呼んでいましたが、現在ではAOCのおかげで、シャンパンの呼び名は世界的に、シャンパーニュ地方のスパークリングワインの固有名となっています。

シャンパン用のブドウはシャルドネとピノ・ノワールで、さらに、ムニエをブレンドしています。シャンパン研究家のジェラール・リジェ・ベレールは、完成した「シャンパンの泡には最大で液体の30倍のアロマとフレーバーが含まれている」ことを発見しました。シャンパンの魅力的な味わいの秘密が科学的に解明されたのです。

シャンパンと言えば、この飲み物を発明したとされる修道士ドン・ペリニヨンの名前がつけられた高級ワインが有名です。ドン・ペリニヨンは熟成期間が長いヴィンテージシャンパンで、短いものでも8年は熟成させており、さらに、ブドウの出来が良い年だけに製造されます。そのため最高ランクのものは、170万円以上もします。祝典でシャンパンを飲む慣習はフランスの王族が始めました。5世紀の終わり頃、国王クロヴィス1世がシャンパーニュ産のワインを飲んだのが始まりです。

シャンパーニュ地方のブドウ畑。スパークリングワインの中でも、シャンパーニュ地方で造られたものだけがシャンパンを名乗ることができる。F1の表彰台など祝典には欠かせない存在となっている。

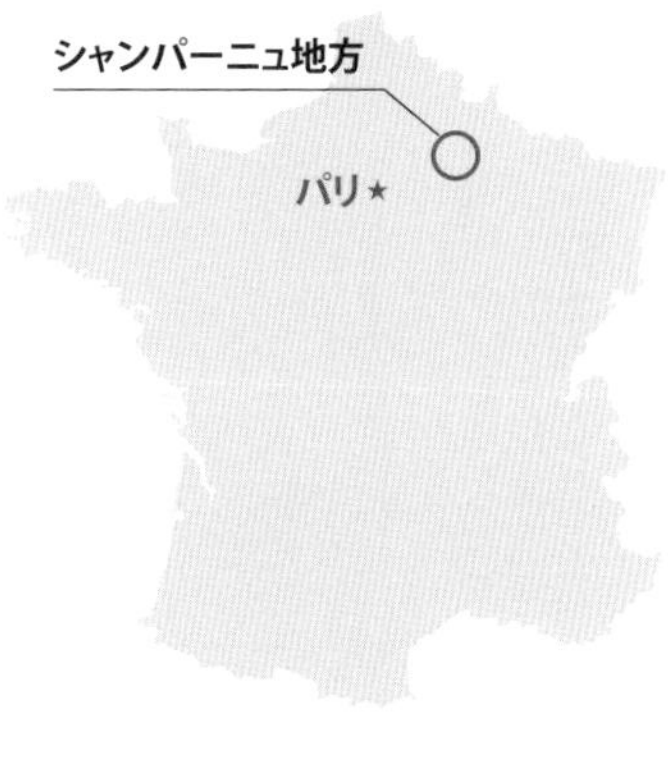

FRANCE
Côtes du Rhône
コート・デュ・ローヌ

# カジュアルさが魅力 コート・デュ・ローヌ

南フランスの一大ワイン生産地であるローヌ地方（コート・デュ・ローヌ）。そのワインの特徴は何といっても、気どらないカジュアルさにあります。

南フランスを代表するワイン生産地がローヌ地方です。この地方はボルドー地方に次ぐAOCワイン生産量を誇っています。この地方のワインはボルドーやブルゴーニュのワインが格式を重んじるものが多いのに比べて、カジュアルで、リーズナブルで、気軽にワインを楽しめるものが多いことが大きな特徴となっています。

ローヌ地方は南北で気候や土壌が異なるために、ワインの生産様式が南北に二分されます。北ローヌは昼夜で気温差が大きく、主に赤ワイン用のシラーと白ワイン用のヴィオニエという品種のブドウによる単一品種から造られるワインが多い地方です。南ローヌは温暖な気候と水はけの良いテロワールで、様々な種類のブドウがブレンドされたワインが多いことが特徴となっています。

コート・デュ・ローヌで最も有名な産地がシャトーヌフ・デュ・パプ（châteauneuf -du-Pape）です。これは「法王の新たなシャトー」という意味です（シャトーには「城」という意味と「ワイナリー」の意味があり、両方の意味が掛けられていると考えられます）。この地方のワインはグルナッシュ種主体の赤ワインで、力強く、重厚で、深みのある味わいが魅力です。また、北ローヌのエルミタージュにはヴァン・ド・パイユという陰干しブドウを原料とした珍しい甘口の白ワインもあります。

フランスを代表する歴史ある原産地の一つであるシャトーヌフ・デュ・パプ。複雑で多彩な表情を持った赤ワインが有名である。

FRANCE
Alsace
アルザス

# ドイツの影響が強い！ アルザス

フランスを代表する白ワイン生産地であるアルザス。この地方のワインはフルーティーでありながらも酸味のきいた辛口のものが多く生産されています。

ドイツとの国境地帯にあるアルザス地方は、歴史的にドイツの言語、文化、習慣などの影響を強く受けた地方で、同じことがワインに関しても言えます。アルザス地方はライン川を挟んでドイツと接しているため、気候や風土が似通っており、ワイン用のブドウの種類もドイツと同様に主にリースリングが使われています。

リースリングはシャルドネとソーヴィニヨン・ブランと並ぶ白ワイン用の3大品種の一つです。リースリングはデリケートでフルーティーな味わいがあり、適度な酸味がある白ワインを造ることができる品種です。しかし、ドイツのリースリングで造られたワインには甘口のものが多いのに比べて、アルザスのものは辛口が多いという違いがあります。

また、アルザスワインのグラン・クリュ（最高格付け）では、リースリング、ゲヴュルツトラミネール、ピノ・グリ、ミュスカの白ワイン用の4つの品種とピノ・ノワールの赤ワインのみの単一品種のワインしか認められていない点も注記する必要があります。

また、有機栽培（38ページ参照）を行っている農家が多く、発酵や熟成に長年使っている樽を用いるなど、時間をかけたナチュラルな伝統的製法を行っている生産者が多いことも、アルザス地方のワイン造りの特色となっています。

アルザス地方のブドウ畑。辛口白ワインが生産量の90%以上を占めているが、ワイナリーの数が900余りあるため味わいはバラエティに富んでいる。

FRANCE
Provence
プロヴァンス

# 世界一のロゼ生産地 プロヴァンス

ロゼの世界的な生産地であるプロヴァンス地方。この地方のロゼワインは何といってもそのフレッシュさと果実味の豊かさが特徴となっています。

南フランスはボルドーやブルゴーニュと並ぶフランスワインの一大生産地ですが、この地方はフランス産のロゼの約40%を生産しているだけではなく、世界一のロゼの生産地としても知られています。また、プロヴァンスでは年間約1億6000万本のワインが生産されていますが、その90%近くがロゼワインで、その中で最も多くのロゼを生産している地方がコート・ド・プロヴァンスです。

プロヴァンス地方の気候として特徴的なものが、この地方独特の地方風であるミストラルです。ミストラルはアルプス山脈から吹き降ろされる冷たく乾燥した北風ですが、この風は時として暴風となり、様々な被害をもたらします。しかし、その一方で、この風のおかげでプロヴァンス地方には新鮮な空気が流れ込み、ブドウの生育を大いに助けています。

プロヴァンスのロゼは一般的にサーモンピンクをしており、フルーティーでフレッシュな味わいをしていて、サラダなどの前菜と一緒に飲むのに大変適しています。加えて、この地方では有機栽培によるワイン造りを行っている生産者が多いことも特筆すべき点です。ブドウの品種としては、黒ブドウではグルナッシュ、シラー、ムールヴェードル、サンソーが、白ブドウではクレーレット、ユニ・ブラン、ヴェルメンティーノといった品種が栽培されています。

プロヴァンス地方にあるフランスで「最も美しい村」の一つであるゴルドの景観。プロヴァンス地方は紀元前からワイン造りが行われてきたフランス最古のワイン産地であり、現在はフランス最大のロゼワインの産地として有名。

FRANCE
Languedoc-Roussillon
ラングドック＝ルーション

# フランスで生産量トップ ラングドック＝ルーション

地中海に近いラングドック＝ルーションでは、手頃な値段の美味しいワインが数多く生産されています。この地方のワインとしては、甘口のＶＤＮが有名です。

ラングドック＝ルーション地方はブドウの栽培面積がフランスで最も大きく、生産量も最も多い地方です。この地方で生産されるワインのほとんどはテーブルワインと呼ばれる安価で、カジュアルなもの。高級ワインの生産が少ないために、他の地方のワインよりも低く評価されることも多々ありますが、この地方のワインはリーズナブルな割に美味しいものが多いと評価されています。

地中海性気候であるこの地方は、元来、グルナッシュやカリニャンといった高級ワイン用ではない品種が主に栽培されていましたが、最近では、シラーやカベルネ・ソーヴィニヨン、メルローといった品種も栽培され、高級ワインも造られるようになってきました。この地方は日照時間に恵まれ、ブドウの生育に適した乾燥した気候であるため、近年、ブドウの一大生産地の一つとなりました。

この地方特有のワインとしては、醸造の過程でアルコールを加え、アルコール度数を高めた、酒精強化ワインであるバニュルス地区のヴァン・ドゥー・ナチュレル（Vin Doux Naturel ＝ＶＤＮ）と呼ばれる甘口ワインがよく知られています。甘いお菓子や果物とも合うワインで、日本ではバレンタインに、チョコレートと一緒に楽しめるワインとして宣伝され、有名になりました。

ランドック＝ルーション地方のブドウ畑。ボルドーやブルゴーニュなどのような高級ワインの産地に比べ、テーブルワインをメインにお手頃な値段のワインが多く造られている。しかし、近年はAOCワインが増えつつある。

ITALY
イタリア

# フランスに負けない底力 イタリア

「ワインならフランス」と思っていませんか。隣国イタリアでは、フランスに負けない輸出量・消費量を誇っています。

イタリアがワイン王国であるのは、輸出量（1位）や消費量（2位）だけでなく、栽培面積も世界的にフランス、スペインと競っていることから明らかです。実際、日本では1990年代の「イタ飯」ブーム以前から、イタリアのワインは広く浸透していました。とはいえ、ワイン通はまだフランスが一番と言います。イタリアがフランスにワインで負ける理由として、「無秩序さ」に原因があるとされます。フランスが早くにワインの格付け制度を構築したのに対し、イタリアは比較的遅く、どのワインが高級でどのワインが並級かを見極めにくかったのです。

例えば、キアンティが売れると知ったら、原産地と関係ないその近隣地域も自分たちが造ったワインにキアンティの名を冠していました。階級も原産地名の縛りも昔はゆるかったのです。イタリアワインはそういった経緯があるため、良品を見極めるのが難しかったと言えます。

それでもイタリアワインの名産地は明確に北部と中央部にあります。一つは北はスイスやフランスと接するピエモンテ州。もう一つはそこから南下したフィレンツェなどがあるトスカーナ州。ここで造られるのがキアンティなどのワインで、それぞれ歴史があり、イタリアならではの特性もあって一度は飲みたいワインです。

イタリアの温暖で雨が少なく乾燥した気候はブドウの生育に最適な環境で、そのため、生産量世界一のワイン産地として君臨している。また、地域ごとに個性豊かな料理はワインの美味しさを一層引き立てる。

ITALY
Piemonte
ピエモンテ

# 王のワインと女王のワイン ピエモンテ

ワイン大国のイタリアですが、世界に誇れるのは北西部のピエモンテ州と、中部のトスカーナ州です。ピエモンテ州には王と女王のワインがあります。

ピエモンテ州は、イタリア・アルプスの麓にあり、南からの暖気とアルプスからの冷気が吹き込み、一日の寒暖差が大きいブドウ栽培には適した地域になっています。寒暖差が大きいと、ブドウの酸味もタンニンも糖度も大きくなるのです。この地で生まれたのがピエモンテのワインです。ピエモンテ州からは最高品質の格付けであるDOCGのワインを国内で一番多く産出しています。

具体的には長期熟成赤ワインのバローロです。原産地のバローロは3000年も前からワイン造りがなされてきたと言われます。バローロは「王様のワイン」とも呼ばれ、その芳醇で深い香り、重厚なタンニンが特徴で力強い高級赤ワインになります。用いるブドウはネッビオーロで、栽培が難しいと言われる品種。このブドウを使ったワインだけがバローロと呼ばれます。

一方で「女王のワイン」もあります。同じネッビオーロから造り、同じピエモンテ州でもバルバレスコ村などを産地にする赤ワインで、村名と同じ名前のバルバレスコといいます。こちらはバローロと比べ、繊細かつ滑らかで優美にしてエレガント。女性的な味わいから女王の名をほしいままにしています。ピエモンテはこの2種のワインに加え、甘口のスパークリングワインのアスティ・スプマンテも造られ、品種の多様性でも世界を魅了します。

世界遺産として有名なピエモンテ州のブドウ畑の景観。ピエモンテ州で「高貴な黒ブドウ」と評されるネッビオーロから造られるバローロやバルバレスコなどのワインは、世界的にも有名である。

ITALY
Toscana
トスカーナ

# 『ローマの休日』のワイン トスカーナ

ワイン大国のもう一つの有名産地は中央部のトスカーナ州です。州都に花の都フィレンツェがあるこの地方は、古くからワイン造りが栄えていました。

トスカーナワインの代表はキアンティです。サンジョヴェーゼ種のブドウから生まれる、この赤ワインは世界中に流通しています。酸味とやや強い渋味を持ちながら、熟成させると果実の香りが強まりコクのあるワインになります。

一方で、キアンティ・クラシコというワインもあります。これは数百年前、キアンティが人気になったとき、多くの近隣地域が自分のワインにキアンティの名を冠して粗悪品が生まれたことに由来します。悪質な模倣品に対抗して、本物と偽物との間に境界線を引き、元祖の高品質のキアンティを知らせるために、キアンティ・クラシコが生まれたのでした。

キアンティ・クラシコは長期熟成を行った高品質ワインです。一方、キアンティは大量生産され若いままで飲まれる傾向があります。

とはいえ、現在ではシチュエーションに応じてキアンティとキアンティ・クラシコを選んで飲むのが良いとされます。

また、イタリアのワイン法を無視し近代的手法で造るワインにスーパー・トスカーナがあります。これはイタリアの格付けDOCGのランク外のものですが、その品質から高い評価を得ています。

なお、キアンティは名画『ローマの休日』にも登場しています。

トスカーナ州のブドウ畑の景観。主に州の中央部でブドウの栽培が行われ、土壌はミネラル豊かな粘土質や石灰質がメイン。畑ごとに多様性に富んだ個性的なワインが造り出されている。

GERMANY
ドイツ

# 魅惑の甘口白ワイン ドイツ

ドイツワインと言えば、甘口の白ワイン。格付けではより熟した糖度の高い甘口ワインほど上級とされています。ただ、近年は辛口も造られ多彩な味を楽しむことができます。

ドイツはワイン生産の最北端とも言われるほどの高緯度に位置しています。冷涼な地域ですが、それを逆手に取って優れたワインを生み出しています。定番はリースリングで、果実味の強いこの品種は、ドイツでは主に甘口ワインとして造られています。

ドイツワインの格付けの最上位（プレディカーツヴァイン）には糖度の高いブドウから造られた甘口ワインが並びます。プレディカーツヴァインは6つに分類され、その中の頂点に立つのが貴腐ワインで知られるトロッケンベーレンアウスレーゼです（36ページ参照）。その下のカテゴリーには「貴族のワイン」と呼ばれるアイスワインなどの高級甘口ワインが属しています。この格付けの下に、辛口ワインを含めた上級ワインをランク付けしたクーベーアー（QbA）があり、その下にランドヴァインという地ワイン、一番下にターフェルヴァインというテーブルワインがあります。

なぜドイツで極上の甘味を備えたワインができるかには諸説ありますが、緯度が高いため酸味が強くなりバランスを取るため糖度を高めたという説もあります。

また、ライン川など川沿いの急斜面で栽培するものも多く、川のそばのため気温変化が緩やかで急激に冷え込むこともなく、夏は水面の照り返しで日光を長時間浴びるため質の良いブドウが収穫できるのも、極上の甘さを生む一因でしょう。

弱い日照を効率的に集めるため、ドイツではほとんどのブドウ畑が斜面になっている。

SPAIN
スペイン

# 情熱的な赤　スペイン

近年、スペインのワインの生産量や輸出量が急増しています。今やスペインはフランスやイタリアなどとともにワイン大国の一角を占めるに至っています。

スペインワインは2021年の統計ではフランスを超して世界第2位の生産量を誇るようになりました。スペインのワイン生産の歴史は古いですが、生産量や輸出量が急激に増加したのは近年になってからです。

スペインワインを代表するブドウの品種がテンプラニーリョです。この品種はスペイン全土で栽培されていますが、テンプラニーリョで造った赤ワインは適度に酸味があって、深みのある情熱的な味わいがあります。テンプラニーリョにカベルネ・ソーヴィニヨンをブレンドしたスーパー・スパニッシュというワインはその重厚な味わいで、非常に人気のあるワインとなっています。

スペインの伝統的なワイン生産地はリオハです。この地方では19世紀の後半にフィロキセラ（害虫）の被害から逃れるためにフランスから移り住んだ醸造家たちがフランスの技術を導入して本格的なワイン造りを開始しました。

スペインワインで忘れてはいけないのがアンダルシア地方のヘレスのシェリーです。シェリーは英語で、スペイン語ではヴィノ・デ・ヘレスと言います。シェリーはポルトガルのポートワインやマデイラワインと並ぶ世界的に有名な精酒強化ワインです。パロミノ、モスカテル、ペドロ・ヒメネスの白ブドウの3品種から造ったものでなければシェリーとは呼びません。甘口から辛口まで様々な味わいのものがあります。

ブドウ栽培にふさわしい土壌があり、栽培面積は世界第1位を誇っている。また、地域によって気候が異なるため、土地の特性を生かしたバラエティ豊かなワインも特徴の一つ。

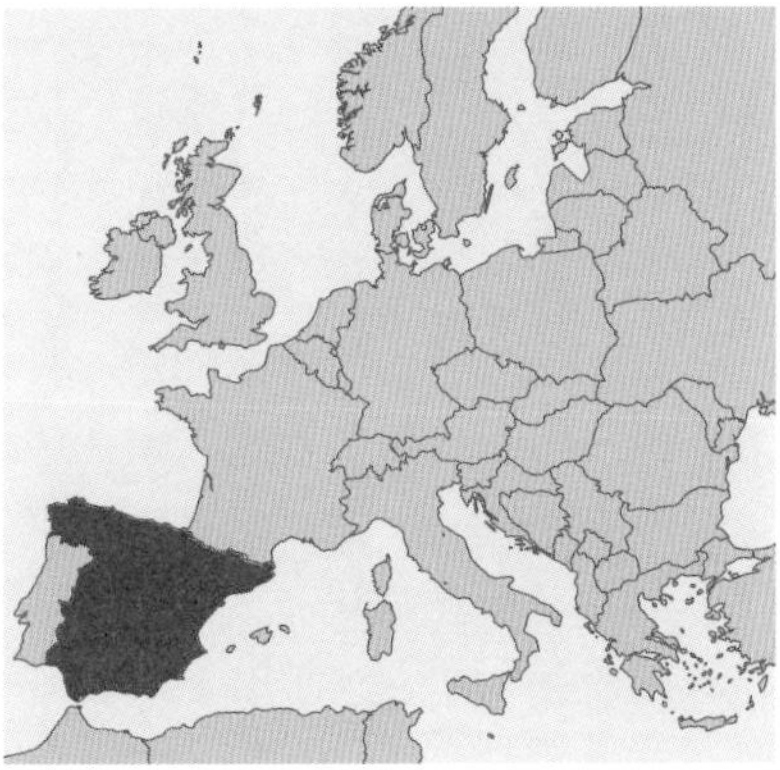

# チーズフォンデュと相性抜群のシャスラ　スイス

ヨーロッパの知られざるワイン大国・スイス。この国のワインとしては、乳製品とよく合う、シャスラを使った辛口の白ワインが有名です。

日本ではあまり知られていませんが、スイスはヨーロッパのワイン大国の一つです。しかし、日本でこのことはあまり知られていません。その大きな理由の一つは、スイスワインのほとんどが国内で消費されるために、輸出される量が少ないからです。

スイスでは赤ワインも、白ワインも生産されていますが、特に、白ワインが有名です。白ワインの原料となる主な品種はシャスラ、ミュラー・トゥルガウ、シャルドネですが、この中でシャスラは世界全体の約8割がスイスで栽培されています。シャスラで造られたワインは芳醇な香りをした魅惑的な味わいがある辛口のワインです。このワインはチーズフォンデュとの相性が最高に良いと言われています。また、スイスで最もワインの生産が盛んな、この国の南東部にあるヴァレー州においてもシャスラが栽培されていますが、この地方でシャスラはフォンダンと呼ばれています。

スイスの赤ワインの原料となる主な品種はピノ・ノワール、ガメイ、メルロー、ガマレです。この中でピノ・ノワールが赤ワインの原料として最も多く使用されています。渋味が控えめで、爽やかな飲み心地が特徴です。また、ガマレはガメイとライヘンシュタイナーをかけ合わせて1970年代初頭につくられた品種です。ガマレで造られたワインは重厚でスパイシーな味わいがあって、ジビエ料理とよく合います。

雄大なアルプスが広がるスイスでは、標高375〜1100mにブドウ畑があり、多様な気候によって産地ごとに個性豊かなワインが造られている。

PORTUGAL
ポルトガル

# 酒精強化ワイン「ポートワイン」の破壊力 ポルトガル

ユーラシア大陸最西端の小国ポルトガル。しかし、この国は歴史の舞台でも、映画やサッカーなどの文化でも、そしてワインでも輝きを放っているのです。

ポルトガルと言えば酒精強化ワインが有名で、ポートワインとマデイラワインを生産しています。この2つはスペインのシェリーとともに世界3大酒精強化ワインと呼ばれています。ポートワインのブドウは、ポルトガル北部アルト・ドウロ地方の段々畑で栽培されます。このワインは発酵途中でアルコール度数77度のブランデーが加えられ、酒精強化されます。やがて港町ポルトに運ばれ、樽の中で最低3年間熟成されます。こうしてマニア垂涎《すいぜん》のポートワインが出来上がるのです。一般的ワインのアルコール度数は15度以下ですが、ポートワインは20度と高いところが特徴。ワインの種類も多様で、黒ブドウを使ったルビーポートは甘口赤ワインで、白ブドウを使ったホワイトポートは甘口から辛口まであります。また、ルビーポートを樽の中で長期熟成させた黄褐色《おうかっしょく》のトゥニーポートという甘口ワインもあります。

一方、南部のマデイラ島からはマデイラ酒が生まれます。17〜18世紀頃、船で北米大陸に輸出する際、品質を安定させるため蒸留酒を加えたと言われます。現在はスピリッツを加えてワインの発酵を止めた後、加熱処理を行い、辛口から甘口まで造られます。この他、現代では、「緑のワイン」を意味するヴィーニョ・ヴェルデもあり、低アルコールで爽やかな飲み口が人気を得ています。

日本の4分の1程度という非常に小さな国土でありながら、そのほぼ全域にブドウ畑が点在し、ワインが造られている。

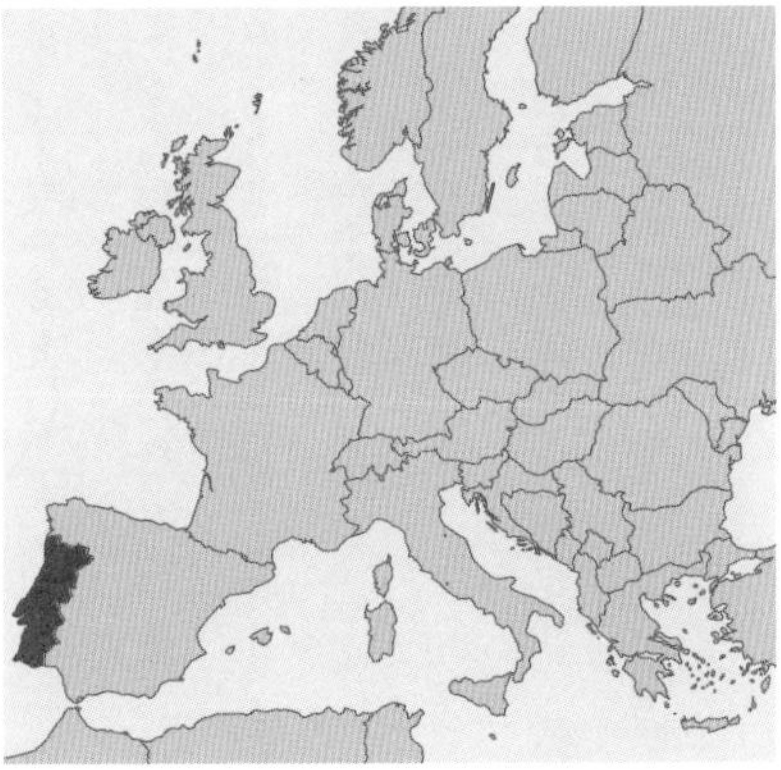

DENMARK

デンマーク

# 旧世界の新興勢力 デンマークワイン

ワイン造りが本格化してから日が浅いデンマーク。この国のワインはまだそれほど有名ではありませんが、将来的にワイン大国となる可能性を秘めています。

北緯55度に位置するデンマークは、かつてはワイン生産国ではありませんでした。しかし、地球温暖化によってワインの新緯度帯に入り、21世紀になって以降、ヨーロッパ内での新たなワイン生産国となりました。現在、ユトランド半島とロラン島に20余りの小規模ブドウ園が存在していて、そこで、2006年には年間約4万本のワインを、2010年には約7万5000本のワインを生産しました。

デンマークワインはそのほとんどが国内で消費されており、フランスなどの少数の国にわずかに輸出されている状況ですが、将来、デンマークはワインの一大生産国・輸出国となる可能性を宿しています。

デンマークの主要なワイン生産用のブドウ品種はカベルネ・コルティスです。1982年にドイツの研究所で交配された黒ブドウの新しい品種で、寒さに強く、病気にも強い品種です。

デンマークはブドウ以外のチェリーやリンゴなどの果物で造るフルーツワインの生産も盛んな国です。甘く、芳醇な香りのあるフルーツワインはデンマークの代表的なワインとなっています。

2007年に、デンマーク産のドンズ・キュヴェ・スパークリングワインがワインの国際コンクールで銀メダルを獲得し、デンマークワインに対する注目度が世界的に高まりました。

デンマークはヨーロッパの北部に位置し、緯度が高いため夏の日照時間が長く、ブドウ栽培にふさわしい気象条件を有している。

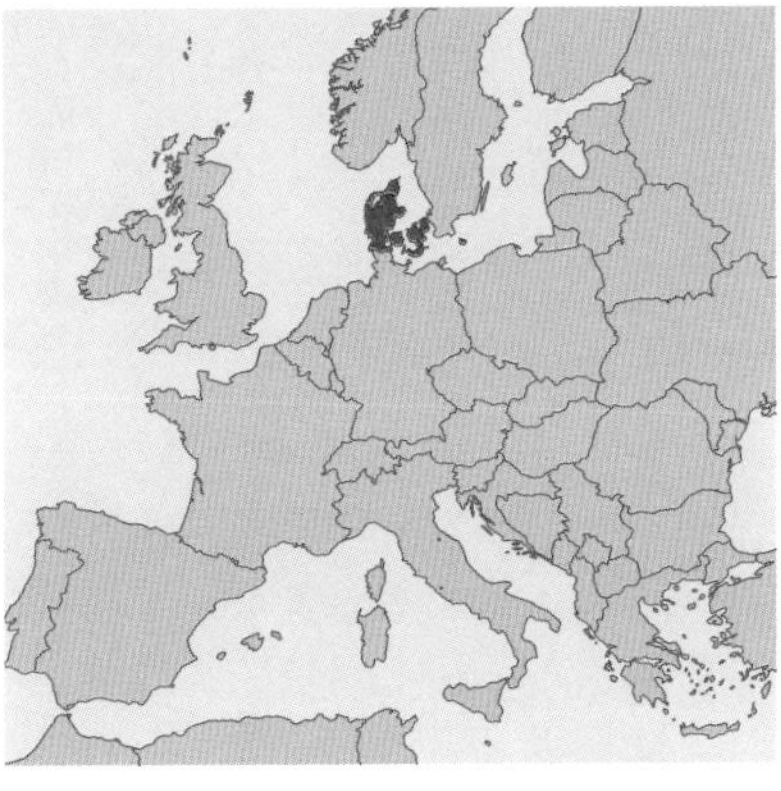

CHILE
チリ

# デイリーワインとして日本で大人気 チリ

南米のワイン大国となったチリ。この国のワインは価格の安さと味の良さによって、日本でも毎日飲めるワインとして、今大変人気を集めています。

2019年時点では、日本のワイン輸入国第1位がチリです。この国のワインの歴史は古くはありませんが、今はワインの輸出大国として世界中に知られています。チリでワイン生産が行われるようになったのは19世紀の後半にヨーロッパをフィロキセラという害虫が襲い、ブドウの樹が壊滅的な打撃を受けたためです。この時に一部のボルドーのブドウ生産者が海を渡って、この国でワイン生産を始めたのです。絶滅したと思われていたボルドーの品種カルメネールが1994年にチリで発見されて大きな話題になったのは記憶に新しいです。

リーズナブルで美味しいとされるチリワインの原料となる主要品種はカベルネ・ソーヴィニヨンです。チリは国全体が温暖で乾燥した気候であるため、この品種の生育に最適な国です。この品種からできたチリワインはフレッシュな香りと飲み心地の良さが大きな特徴となっています。この他には先ほども書いたカルメネールがチリの代表的なワインの原料となっています。この品種で造られたワインはフルーティーさが特徴です。

チリワインはリーズナブルさによって日本で大人気になっていますが、最近は高級ワインにも力を入れています。チリ最大のワインメーカーのコンチャ・イ・トロ社などが手掛ける「アルマヴィーヴァ」はその代表です。

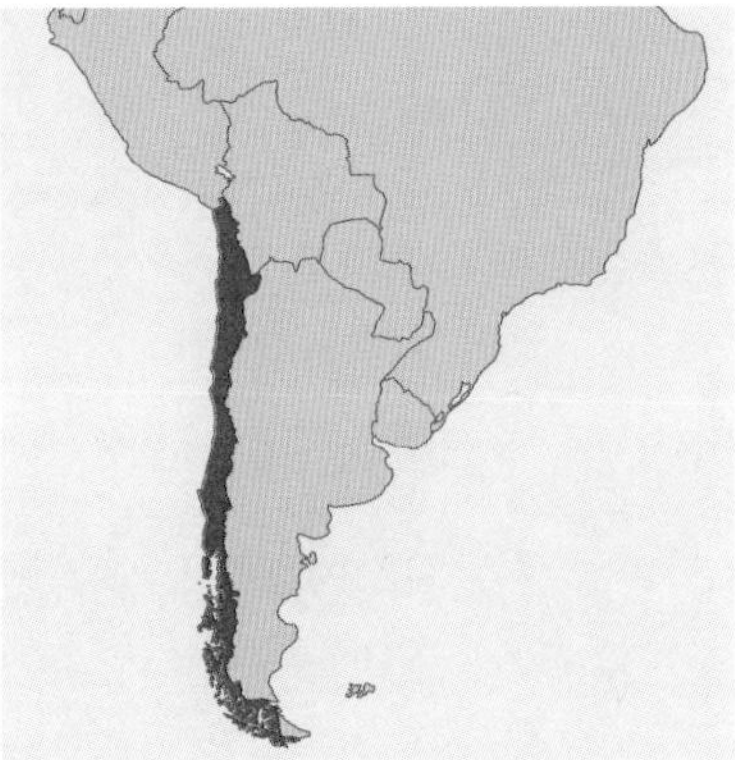

チリは、一年を通じて日照時間が長く、また、春から秋までほとんど雨が降らない地中海気候のため、ワイン造りに最適な気象条件となっている。

CANADA

カナダ

# 世界最大のアイスワイン生産国 カナダ

カナダのワインと言えば、豊かな自然環境を生かして造られるアイスワインが有名です。その甘美な味わいは世界中の愛飲家を歓喜させています。

カナダとワインとの結びつきをイメージできる人は多くはないでしょうが、この国のワインとしては凍った完熟ブドウから造られ、デザートワインとして親しまれているアイスワインが有名です。しかし、アイスワイン以外でも、カナダは自然に恵まれ、寒暖差がある気候とミネラルの豊富な土壌によって、上質な赤ワインや白ワインのみならず、スパークリングワインの生産も行っており、近年、国際的にも非常に注目を集めているワイン生産国となっています。

この国のワインの2大生産地はオンタリオ州南部のナイアガラの滝のあるナイアガラ半島と、ブリティッシュ・コロンビア州南部のオカナガン・ヴァレーですが、ケベック州とノヴァ・スコシア州にもワイナリーが点在しています。ブドウの品種としては白ブドウではシャルドネ、リースリング、ヴィダルが、黒ブドウとしてはカベルネ・ソーヴィニヨン、メルロー、ピノ・ノワールなどが主なものです。

また、カナダは世界最大のアイスワイン生産地として知られています。寒さの厳しい気候を生かして造られるアイスワインは、絶妙な味わいがあります。特に、オンタリオ州のナイアガラ地方のものはよく知られています。ヴィダル種を使って造られるアイスワインはトロピカルフルーツのような甘美な香りとアンズ酒のような味わいがあり、世界中の愛飲家を魅了しています。

カナダの2大ワイン生産地の一つであるオカナガン・ヴァレーのブドウ畑から、オカナガン湖を見渡す風景。オカナガン湖を中心に湖と山の間の平野部から斜面地帯にブドウ畑が広がっている。

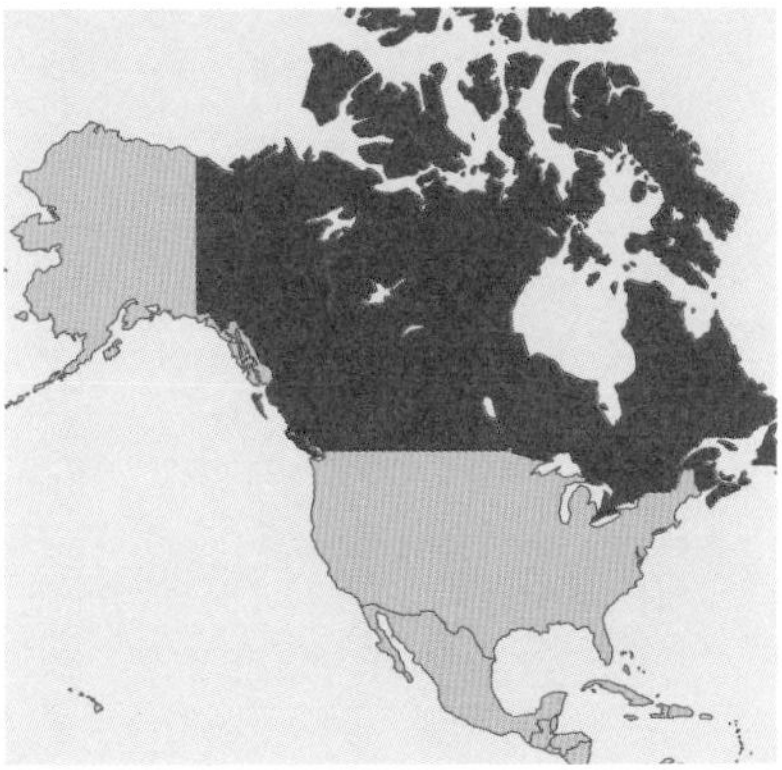

ARGENTINA
アルゼンチン

# マルベック&トロンテスを楽しむアルゼンチン

アルゼンチンのブドウは標高の高い場所で有機栽培されているものが主流で、マルベックを中心とした赤ワインとトロンテスから醸造される白ワインが有名です。

アルゼンチンはチリとは異なり太平洋から冷たい風が吹き込んでこないため、世界的にも珍しいことですが、標高800mから1200mの高所でブドウが栽培されています。アルゼンチンのブドウはこうした標高の高い場所で栽培されているため、除草剤や殺虫剤を使わなくてもブドウが順調に生育します。つまり、この国のブドウの多くは有機栽培によって育てられているのです。こうした栽培法で造られたワインとしては、アルゼンチンで最も知られたワイナリーであるボデガ・ノートンのものが有名です。

アルゼンチンのブドウの品種と言えば、赤ワイン用のものではマルベック、白ワイン用のものではトロンテスが主流です。マルベックで造られた赤ワインは渋味成分であるタンニンを多く含み、クセのある濃厚な味わいですが、他の品種とブレンドすることで風味豊かなフルーティーな味わいになります。アルゼンチンでワインの生産量の最も多い、アルゼンチン中部にあってチリと国境を接しているメンドーサ州では、マルベックとカベルネ・ソーヴィニヨンやピノ・ノワールとのブレンドが行われていて、重厚でありながらも果樹味の豊かな味わいのワインが造られています。トロンテスで造られた白ワインの主要産地はアルゼンチン中北部のラ・リオハ州で、この品種から造られたワインは甘くフルーティーで、程よい酸味があります。

雄大なアンデス山脈を有するアルゼンチンは、晴天日が年間で約330日と多く、標高の高い場所に畑を切り開いてブドウ栽培が行われている。

AUSTRALIA
オーストラリア

# 「カスクワイン」発祥の地 オーストラリア

ワイン造りの歴史が浅いにもかかわらず、近年ワインの生産量を急増させているオーストラリア。シラーズ種を中心とした力強い味わいのワインが生産されています。

最近ワインの生産と輸出の量を急激に増やしている国がオーストラリアです。この国のワインは主にシラーズという品種のブドウから造られています。シラーズから生産されるオーストラリアワインは重厚さに加えて、フルーティーで、アメリカワインに似た味わいがありますが、清涼感がアメリカワインよりも勝っていると言われています。

歴史的に言って、オーストラリアでワイン造りが始まったのは18世紀の後半で、その後、イギリスからの移民であるジェームズ・バスビーが本格的なブドウ栽培を始め、オーストラリアのワイン生産が本格的に開始されました。そのため、バスビーは「オーストラリアワインの父」と呼ばれています。

シラーズ品種以外で造られるオーストラリアワインで有名なものとしては、タスマニア島のものがあります。この島ではピノ・ノワールを使った高級赤ワインが生産されていて、このワインは世界的に非常に高い評価を受けています。

ワインに関してオーストラリア発祥のものと言えば、カスクワインがあります。これは紙パックに入ったワインのことです。カスクワインが製造される以前、ワインはビンに詰められて売られていましたが、カスクワイン製造後はビンが壊れるという心配をせずにワインを手軽に持ち運ぶことが可能になりました。

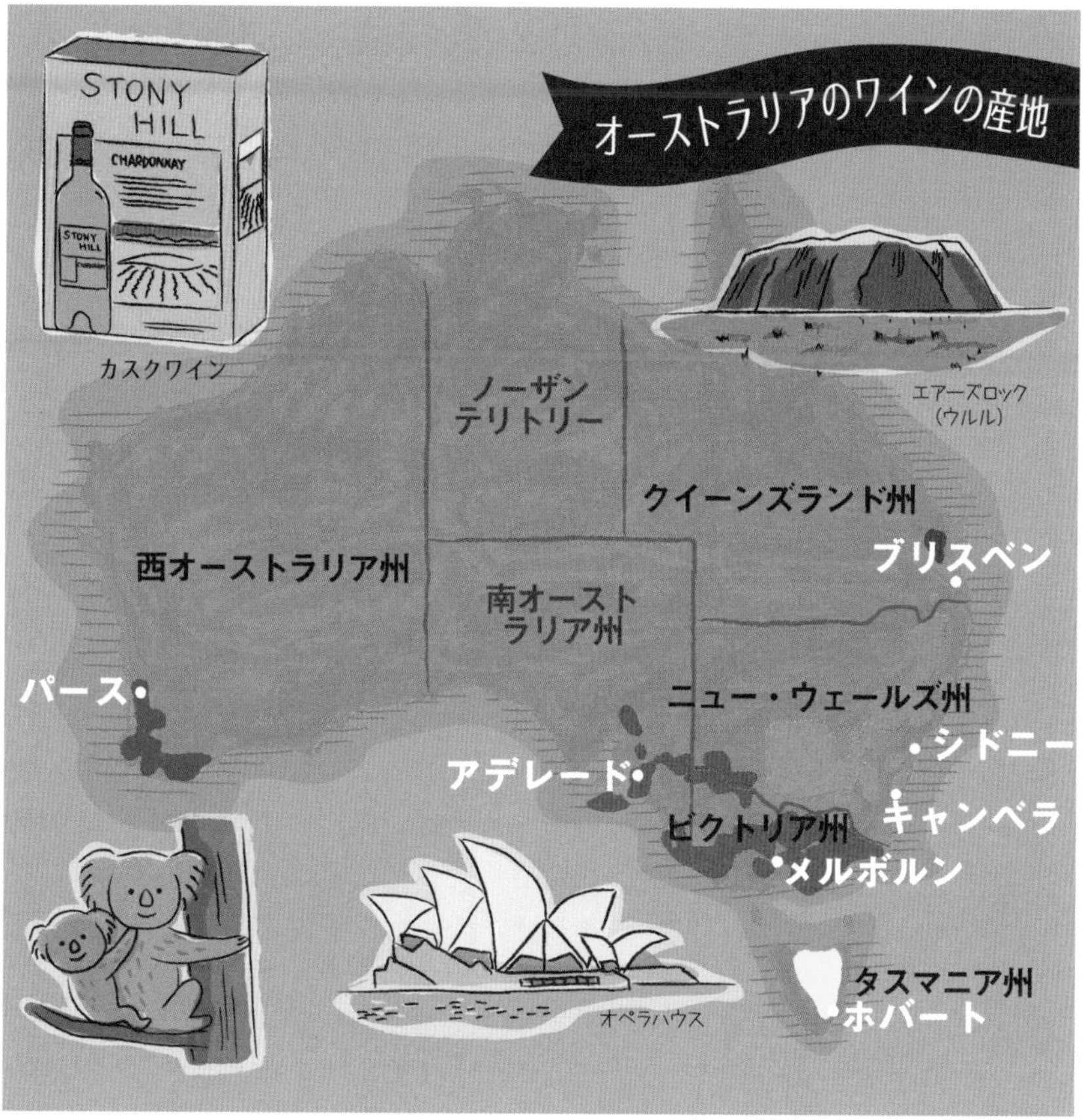

オーストラリアのワインの産地は南部に多く、土地によって気候や土壌の特徴が大きく異なるため、地域の特性を生かした様々なワインが造られている。

NEW ZEALAND
ニュージーランド

# ソーヴィニヨン・ブラン一択？ニュージーランド

ワイン産業が近年急激に成長しているニュージーランドでは白ワインが主に造られていますが、プロヴィダンスのような高級赤ワインも有名です。

近年注目されるようになったニュージーランドワイン。この国のワイン産業が急成長し始めたのは20世紀の終わり頃からです。ニュージーランドでは当初、白ブドウの品種であるリースリングが主に栽培されていました。しかし、1980年代以降は、世界的な評価が高いソーヴィニヨン・ブランを中心としたワイン造りが行われるようになりました。

ニュージーランドのワイン生産の中心地はサウスアイランド北東のマールボロ地区です。この国のワイン生産量の約半分がこの地区で造られています。日照時間が長く、太平洋から吹いて来る風によるひんやりとして爽やかな気候のマールボロ地区で育ったソーヴィニヨン・ブランで造られたワインは、ハーブの香りのするトロピカルフルーツの味わいがあると評されています。

ニュージーランドを代表する高級赤ワインと言えば、プロヴィダンスです。ノースアイランド北部にあるニュージーランド最大の都市オークランドから60㎞離れたマタカナのわずか2haほどのブドウ畑で収穫されたものを原料としたワインです。天然発酵のみで丁寧に醸造されたこのワインは深みのある豊かな味わいをしています。その魅惑的な味わいは世界のワイン愛好家の熱烈な賞賛を受けており、生産本数の少なさとあいまって、現在はプレミア化しています。

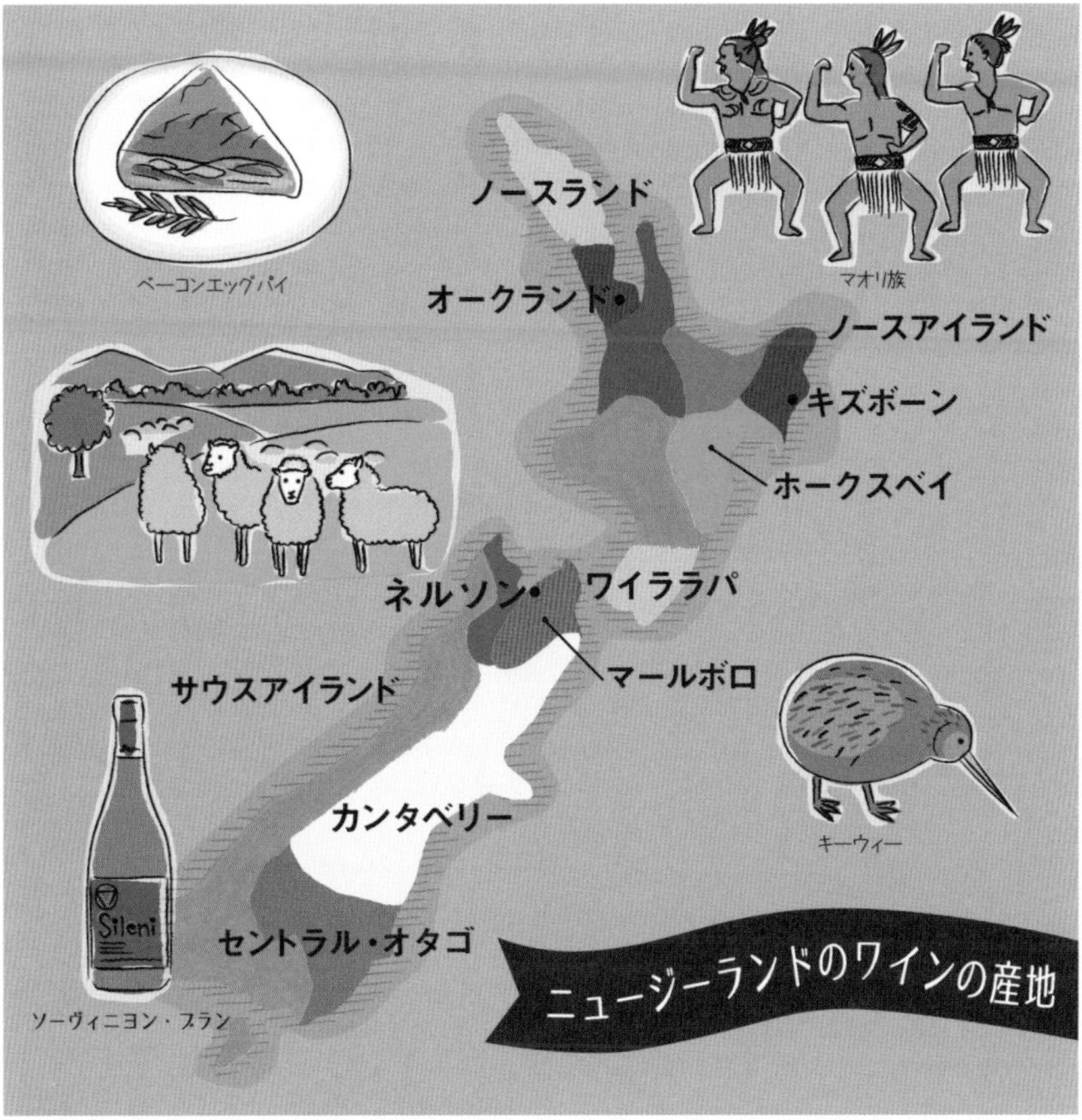

日本と同じく四季があり、1日の寒暖差も大きいニュージーランドは、夏の日照時間が長く、ワイン造りに適した環境が揃っている。

AMERICA
アメリカ

# わかりやすい「美味しさ」が魅力 アメリカ

アメリカはワイン生産でも、消費量でも、世界のトップクラスの国です。現在アメリカではカジュアルなものから高級なものまで様々なワインが造られています。

現在、アメリカはワイン生産で有名な国であるだけではなく、2021年の統計では年間ワイン消費量が世界一で、ワインはアメリカ人の生活に深く根差すものとなっています。アメリカのワインの特徴は、力強さとブドウ本来の味を素直に味わうことができるわかりやすさにあると言われています。

アメリカのワインの約9割はカリフォルニアで生産されていますが、最近ではワシントン州などでも生産されています。カリフォルニアワインは世界的に有名ですが、ここで造られるワインの主要品種はジンファンデルです。この品種で造られた赤ワインは濃厚さとフルーティーさが合わさった味わいが特徴です。

アメリカのワイン生産は、以前は大規模でリーズナブルなものを造る業者が多かったのですが、最近は小規模あるいは中規模で高品質のものを生産するブティックワイナリーと呼ばれる生産者が増えています。こうしたワイナリーの一つであるカリフォルニアのナパ・ヴァレーを中心に造られている高級ワインは「カルトワイン」と呼ばれ、世界的に高い評価を受けています。

カリフォルニア産の高級ワインと言えば、オーパス・ワンは外せません。オーパス・ワンはカリフォルニアのブドウ栽培に適した豊かな風土とボルドーで育まれたワイン製造技術との融合によって生み出されたワインです。

アメリカは比較的温暖な気候であることから、ブドウが完熟しやすく、そのためブドウの味がしっかりとわかるワインが造られている。

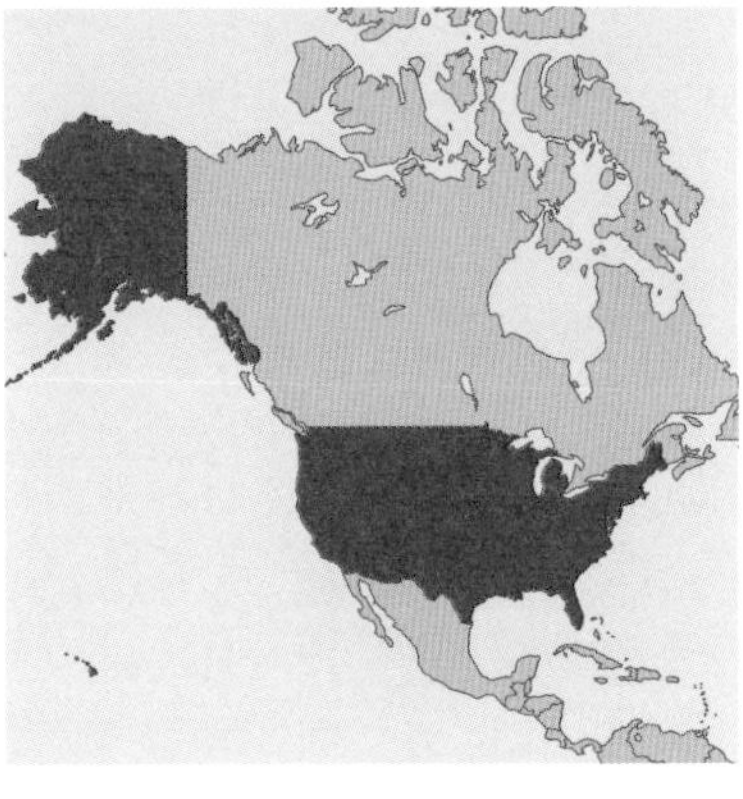

SOUTH AFRICA
南アフリカ

# 急成長中！ 南アフリカ

ワイン産業が急成長し続けている南アフリカ。近年、この国のワインが日本でも買い求めることができるようになり、その評価も上昇し続けています。

南アフリカのワイン産業はアパルトヘイト政策が終焉《しゅうえん》し、この国の輸出産業の勢いが増していった2000年以降に盛んになりました。南アフリカのワイン用のブドウと言えば、何といっても、ピノタージュが有名です。これは上質な味わいのワインができるが害虫や暑さに弱いピノ・ノワールと、害虫や暑さに強いサンソーとを掛け合わせた黒ブドウの品種です。ピノタージュから造られる赤ワインは、濃厚さとフレッシュさが適度に調和したバランスの良い味が特徴です。

南アフリカ産の白ワインの主要原料となる品種はシュナン・ブランです。この品種の原産地はフランスのロワール地方とされていますが、現在の栽培面積は南アフリカが最大となっています。キリッとした辛口の白ワインを造り上げる品種です。また、近年ではスパークリングワインの生産も盛んで、南アフリカ産のスパークリングワインの評価も年を追うごとに高まっています。

この国のワイン産業を支えてきたのは、1918年に設立されたKWV（南アフリカブドウ栽培協同組合）です。KWVはアパルトヘイト政策下で産業が停滞するなか、ワインの品質向上や輸出増進のために尽力してきた組織です。ピノタージュを誕生させたのもこの組織です。

南アフリカワインは、コスパの良さが魅力。豊かな自然の中、ミネラルを感じる、凝縮した果実味のブドウを収穫できる。

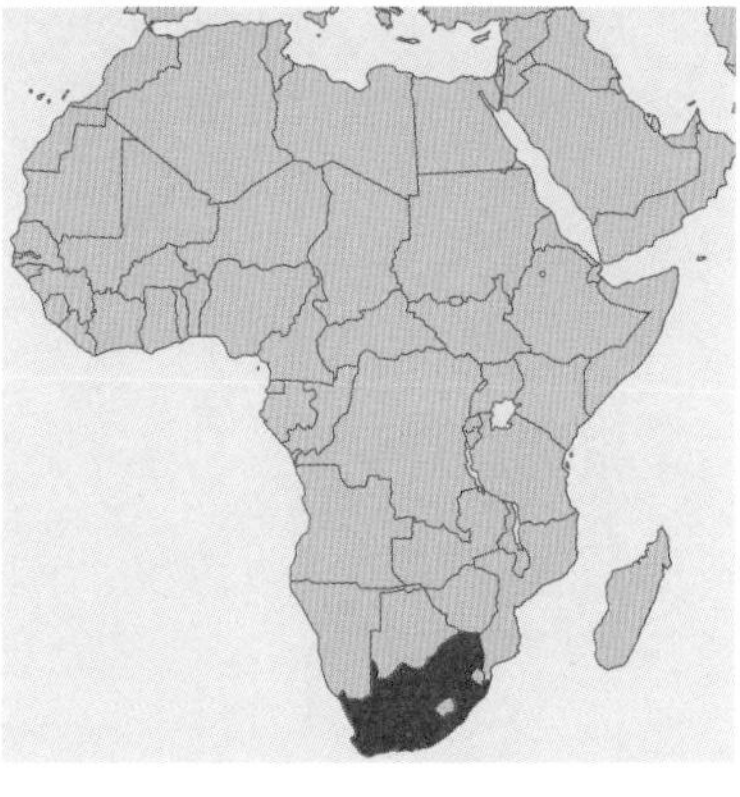

THAILAND
タイ

# 新緯度帯ワイン　タイ

アジアの新緯度帯ワインとして注目されているのが、タイワインです。近年、国際ワインコンクールで賞を獲得するなど、ブランドイメージを高めつつあります。

タイワインはまだ日本ではそれほど知られていないでしょう。なぜならこの国はワインベルトに入っている国ではなく、風土的にも美味しいワインができるイメージが湧かないからです。しかし、近年、ワインの生産に関して、「新緯度帯」という言葉を耳にする機会が増えています。地球温暖化によって、従来のワインベルトに属さなかった地帯でもワインの原料となる良質なブドウが取れるようになり、こうした地帯を新緯度帯と言うようになったのです。北緯13度~15度に位置するタイもこの地域に属しており、ワイン生産が盛んになっています。

タイには東南アジア最大のワイナリーであるサイアムワイナリーが存在しています。このワイナリーのワインとしては、モンスーン・ヴァレーという銘柄が有名です。モンスーン・ヴァレーには赤ワインも白ワインもあり、タイで最もポピュラーなワインとして知られています。また、タイ中央部にあるカオヤイにはタイで最も古いワイナリーであるＰＢヴァレー・カオヤイ・ワイナリーがあります。ここで造られるワインはフレッシュさが特徴で世界的にも高評価を得ています。

また、タイで人気のあるワインベースのカクテルにＳＰＹがあります。ラズベリーなどの果汁とミックスされた芳醇な香りと程よい酸味が特徴のカクテルで、スパイシーなタイ料理によく合います。

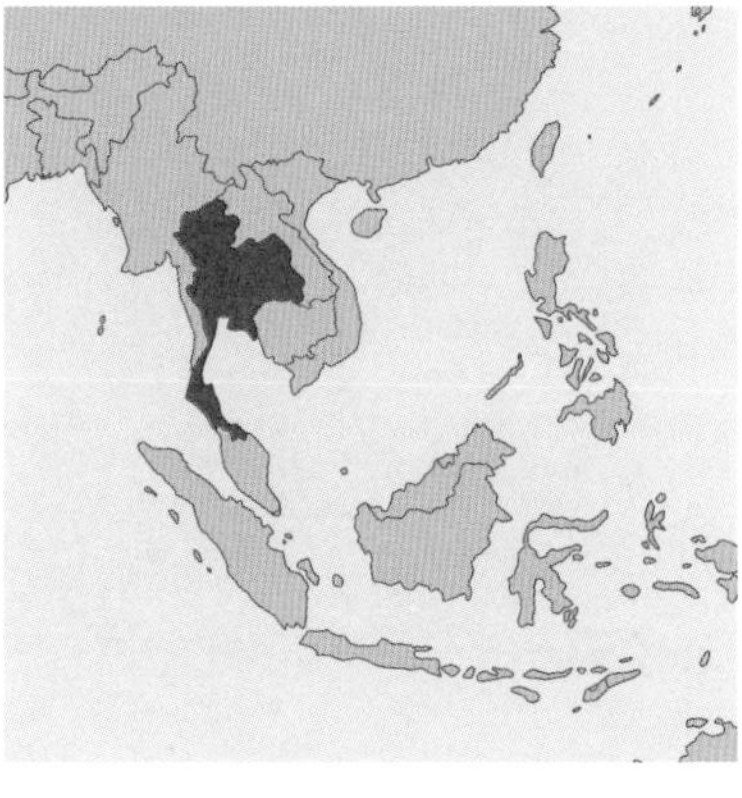

バンコクの平均気温は29℃程度で湿度も約70%と決してワイン造りに適した環境ではないが、雨季が6月〜10月で、それ以外はほとんど降水がなく、豊富な日照量があるため、果実味が凝縮したブドウが育つ。

Column 2

# 旧約聖書とワイン
# 洪水のあとに酔っ払ったノア

ミケランジェロによって制作されたバチカン宮殿にあるシスティーナ礼拝堂の天井画には、様々な聖書の物語が描かれています。その一つに「ノアの方舟」で有名なノアの姿があります。この絵は『旧約聖書』の「創世記」の記述に基づいて、ワインを飲んで酔い、裸で寝てしまったノアと父親に衣服を着せようとする彼の3人の息子たちの姿を表したものです。『旧約聖書』では、ノアがブドウ畑をつくり、ワインを造り、それによって最初に酔った人として描かれています。この記載に基づいて、ノアがワインを最初に造った人と解釈する説が主張されています。

泥酔したノアを描いたこの絵の背景には大きな樽がありますが、この樽はワインを醸造する樽で、このことによってミケランジェロは暗にノアがワインを最初に造った人であるということを示したと考えられています。また、ルネサンス期のイタリアの画家ジョヴァンニ・ベッリーニも、『ノアの泥酔』という同じ主題の作品を描いています。

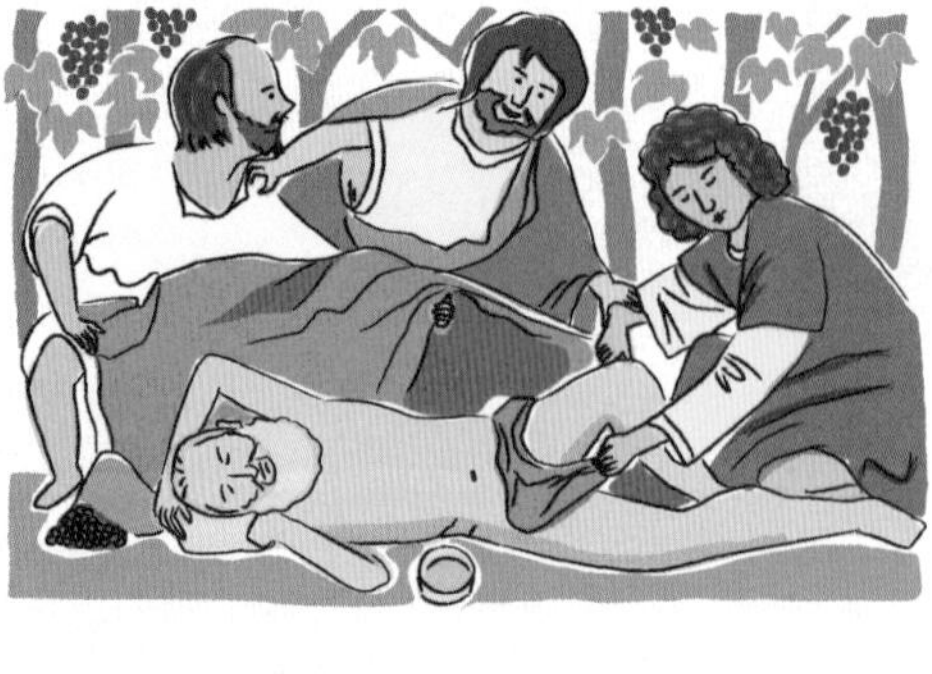

『旧約聖書』の「創世記」では、大洪水後、新しい土地で農夫となったノアが最初にワインを飲んで酔っ払った人間として描かれており、こうした逸話から、ノアはしばしばワインのラベルに使われるようになった。

Chapter

# 3

# 世界から注目の日本ワイン

国産ブドウを原料とし、日本国内で醸造される「日本ワイン」。
140年の歴史を誇る日本ワインは日本食によく合い、
品質の高さから年々国際的地位を高めています。
本章では、日本ワインが誕生した背景やブドウの特徴、
産地ごとのワインの特徴を紹介します。

JAPAN
日本産

# 明治以降に発展 日本のワイン造り

宣教師ザビエルが持ち込み、信長が愛したと言われるワイン（ぶどう酒）は、米から酒を造るのが当たり前だった日本で、どのようにして根付いていったのでしょうか？

日本のお酒と言えば、代表的なものは「日本酒」や「焼酎」ですが、現代の日本には約450以上のワイナリーが存在するほど、全国各地でワイン醸造が根付いてきています。

そもそも日本にワイン（ぶどう酒）が伝わったのは、戦国時代末期と言われています。1549年にポルトガルの宣教師だったフランシスコ・ザビエルが日本に赤ワインを持ち込んだのが最初とされ、のちに戦国大名の織田信長がワインを「珍陀酒《ちんたしゅ》」と呼んで、よくたしなんでいたと伝わっています。

しかし、日本には酒を米から造って飲む文化があり、ブドウは生食用として江戸時代には栽培が始まっていたものの、果物から酒を醸造する習慣はなかったために、日本でワイン醸造が行われることはありませんでした。ところが、明治時代になると、欧米にならう近代化の一環として、山梨県をはじめとする各地でワイン醸造が始まったのです。

国内でワイン醸造が始まってからしばらくは、日本は世界の有名ワイン産地と比べると、気温の寒暖差が小さく、湿度も高いといったデメリットが目立ち、日本ワインへの評価は低いものでしたが、長い年月をかけて日本の地質や気候に合った醸造技術が磨かれていった結果、次第に日本ワインも世界で認められるようになっていきました。

# ワインはいつ日本にやってきたのか？

## 1549年

フランシスコ・ザビエル　　　織田信長

宣教師フランシスコ・ザビエルが日本にワインを持ち込んだのが最初と言われています。

# ワインが日本に広まったのは明治以降

## 明治時代以降

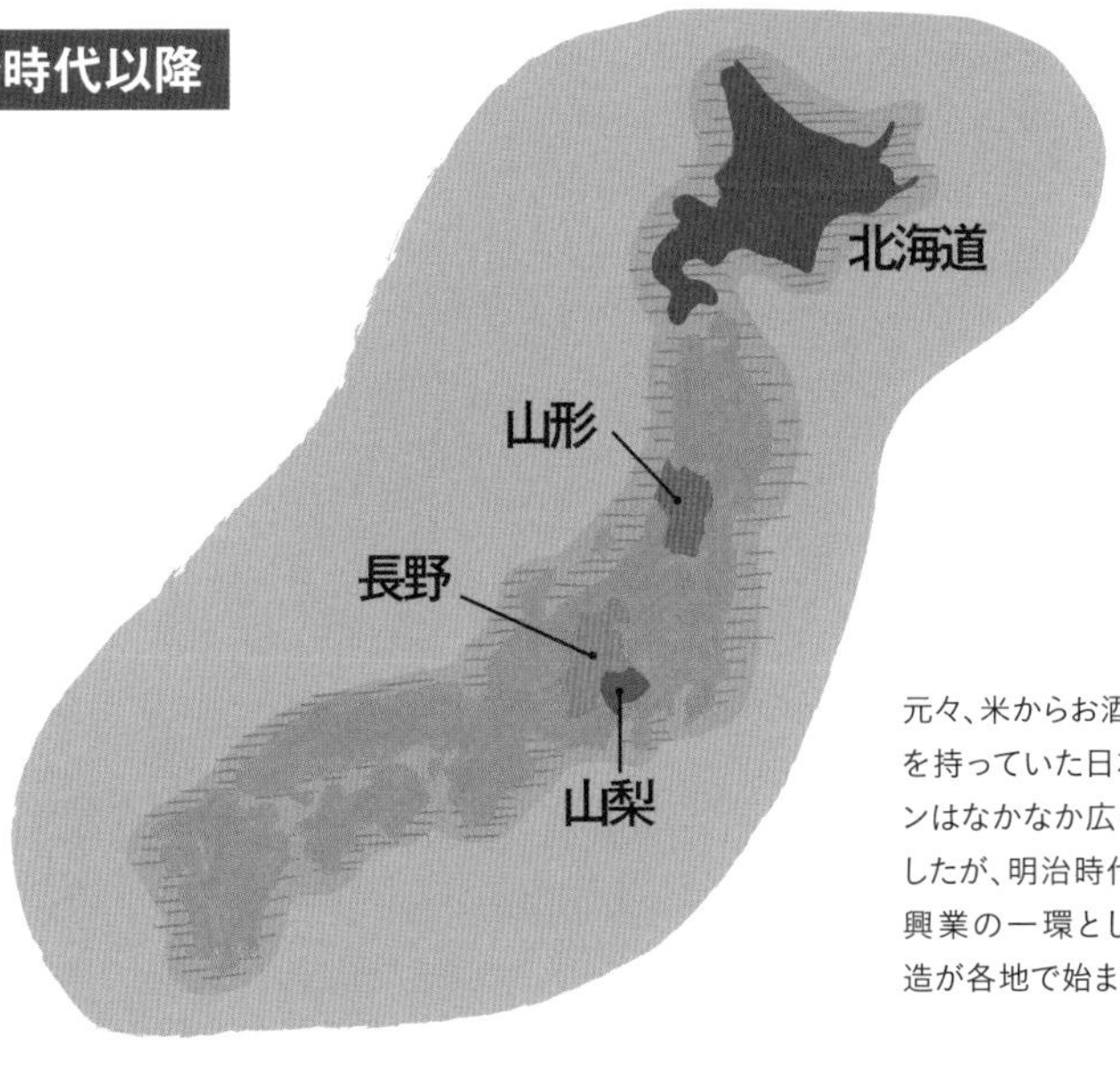


元々、米からお酒を造る文化を持っていた日本では、ワインはなかなか広まりませんでしたが、明治時代以降、殖産興業の一環としてワイン製造が各地で始まりました。

日本ワインの特徴は、何といっても寿司をはじめとする魚料理、すき焼き、天ぷらといった日本独自の料理によく合う繊細な味を持っていることです。

ところで、あなたは日本ワインと国産ワインの違いをご存じでしょうか？　現在、日本国内で流通しているワインは以下の3種類になります。

・日本ワイン
・国産ワイン
・輸入ワイン

輸入ワインは、その名の通り、海外から輸入されたワインのことですが、日本ワインと国産ワインにはどんな違いがあるのでしょうか？　答えは、「国産ブドウのみを使って造られたのが日本ワイン」なのです。一方、国産ワインは海外のブドウを使用して国内で製造したワインを指します。

日本では、長らくワインは国産ワインと輸入ワインの2種類の表記しかなく、海外から大型の容器でワインを輸入して、それを国内で瓶詰め（製造）したものであっても「国産ワイン」と表記されていたので、消費者はどのワインが国産のブドウを使ったワインなのかがよくわからない状態に置かれていました。そこで国税庁が2015年にワインのラベル表示のルールを定め、結果として「日本ワイン」という種類が生まれることとなったのです。

**[ 国税庁が定めるラベル表示例 ]**

日本ワイン　[辛口] 飲み頃温度 8～12℃　果実酒

収穫年度：2012年　内容量：750ml
アルコール分：12%
添加物：酸化防止剤（亜硫酸塩）

製造者　宝島社ワイナリー株式会社
長野県〇〇市××町567-3
TEL 0123-45-6789
http://www.takarajimashawine.com

# 日本で販売されているワインの種類は3つ

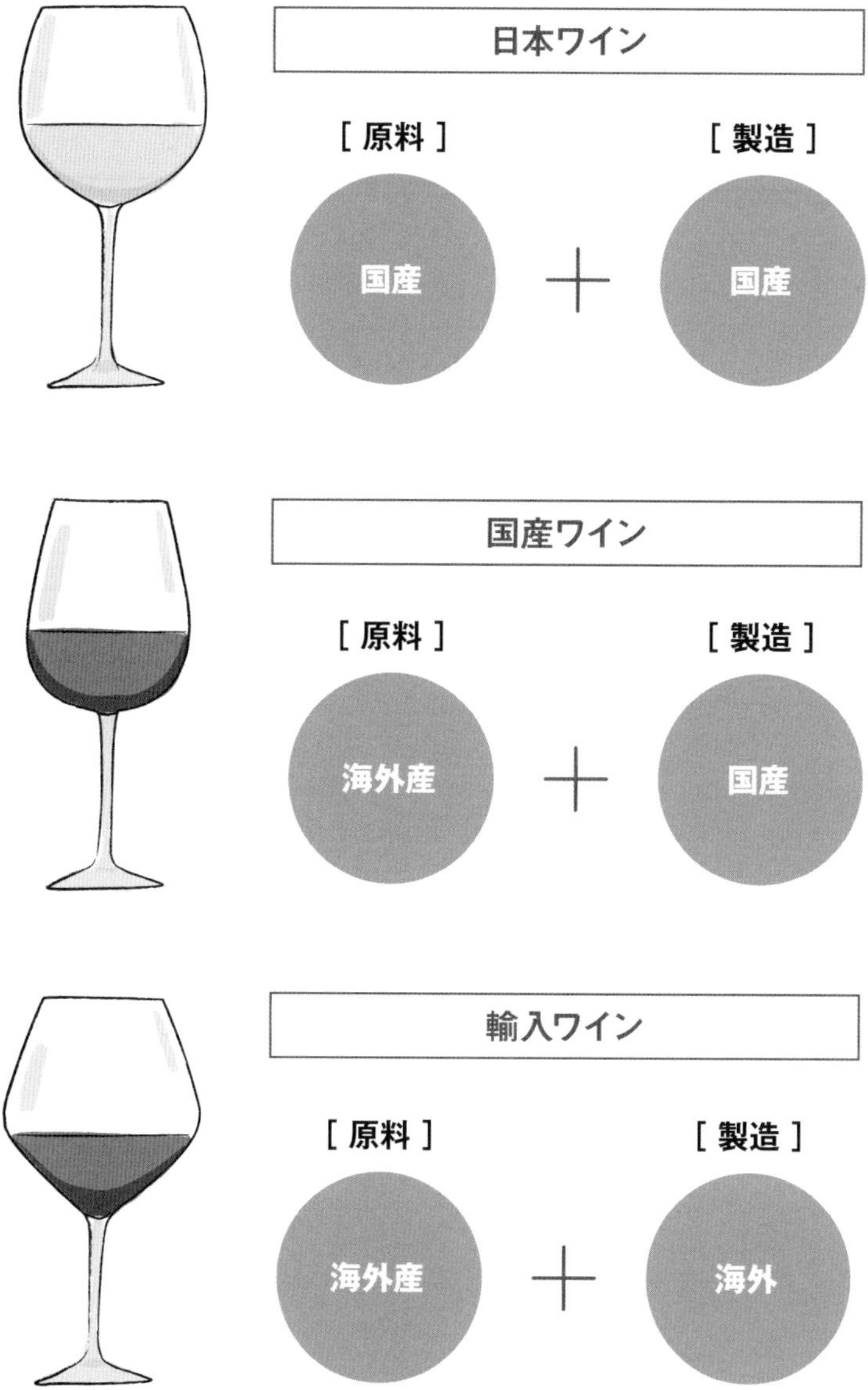

JAPAN

産地

# 日本ワインで使われるブドウの品種には何があるの?

日本ワインには、世界で有名なワイン専用品種の他に、日本固有のブドウ品種が使われており、その代表格は赤ワインの「マスカット・ベーリーA」と白ワインの「甲州」です。

日本ワインの産地は、山梨県・北海道・長野県・山形県が4大産地とされ、全国の生産量の約80%を占めています。

もちろん、日本ワインですから、ブドウは国産のものが使われています。

ここでは、日本ワインのブドウの品種について見ていきましょう。まず、日本ワインを代表するといっても過言ではないのが、ラブラスカ種とヴィニフェラ種を交配してつくられた「マスカット・ベーリーA」という赤ワインの品種です。

日本のワインの父と呼ばれ、新潟県の岩の原葡萄園の創業者だった川上善兵衛が生みだした品種で、イチゴに似た甘い芳香が特徴です。前項で述べた「日本食に合うワイン」の代表格です。

一方、白ワインの代表的な品種は、日本固有種の「甲州」です。甲州というブドウの発祥には諸説あって定かではありませんが、1000年近く前から日本に根付き、食べられていたブドウであることは間違いないようです。甲州で造ったワインは、柑橘系の爽やかな芳香、まろやかな酸味が特徴です。

その他、赤ワインには日本固有の種としてブラック・クイーン、山ブドウがあり、カベルネ・ソーヴィニヨンやシャルドネといった世界的に有名な主要ワイン専用品種も数多く栽培されています。

# 日本ワインを代表する品種

## マスカット・ベーリーA

日本のワインの父と呼ばれた川上善兵衛氏がアメリカ系とヨーロッパ系の品種を掛け合わせて開発。和食にもよく合う、日本の赤ワインにとって重要な品種です。

## 甲州

14世紀頃から日本で薬草として育てられ、日本人に親しまれてきた品種。日本固有の品種で、日本の白ワインの象徴的な存在。

JAPAN
北海道
Hokkaido

# 実力派ワイナリーが続々オープン 北海道ワイン

フランス北部やドイツに似て、年間を通して気温が低く、昼夜の寒暖差の激しい北海道では、空知や後志《しりべし》といった地方で実力派のワイナリーがしのぎを削っています。

ワイン産地として日本で3番目のワイン生産量を誇る北海道ですが、近頃では実力派のワイナリーが続々とオープンし、そのワインの品質も国際的なコンクールで入賞するほどです。ここでは、北海道ワインの特徴を見ていきましょう。

北海道の気候風土は、ほぼ全域が亜寒帯気候に属し、一年を通じて気温が低く、なおかつ昼夜の寒暖差が激しいという特徴があります。これは、フランス北部のシャンパーニュ地方やドイツの気候風土と似ており、ワイン造りには向いていると考えられています。

北海道の代表的ワイン産地は、空知地方と後志地方で、日本の固有品種のみならず国際品種も数多く栽培されています。特に空知で造られるワインは「空知ワイン」としても知られています。

北海道ワインの有名品種と言えば、何といってもナイアガラが筆頭に挙げられます。これは、日本のワインの父と呼ばれた川上善兵衛が日本に持ち込んだアメリカを原産とする白ワインの品種です。極めて糖度が高く、華やかさを持った甘い芳香がある甘口のワインになります。

北海道には、ワイン漫画『神の雫』で取り上げられ、映画のロケ地としても使われた宝水ワイナリー、「おたるワイン」で知られる北海道ワインなど実力派のワイナリーが数多く存在しています。

# 北海道ワインの主な産地

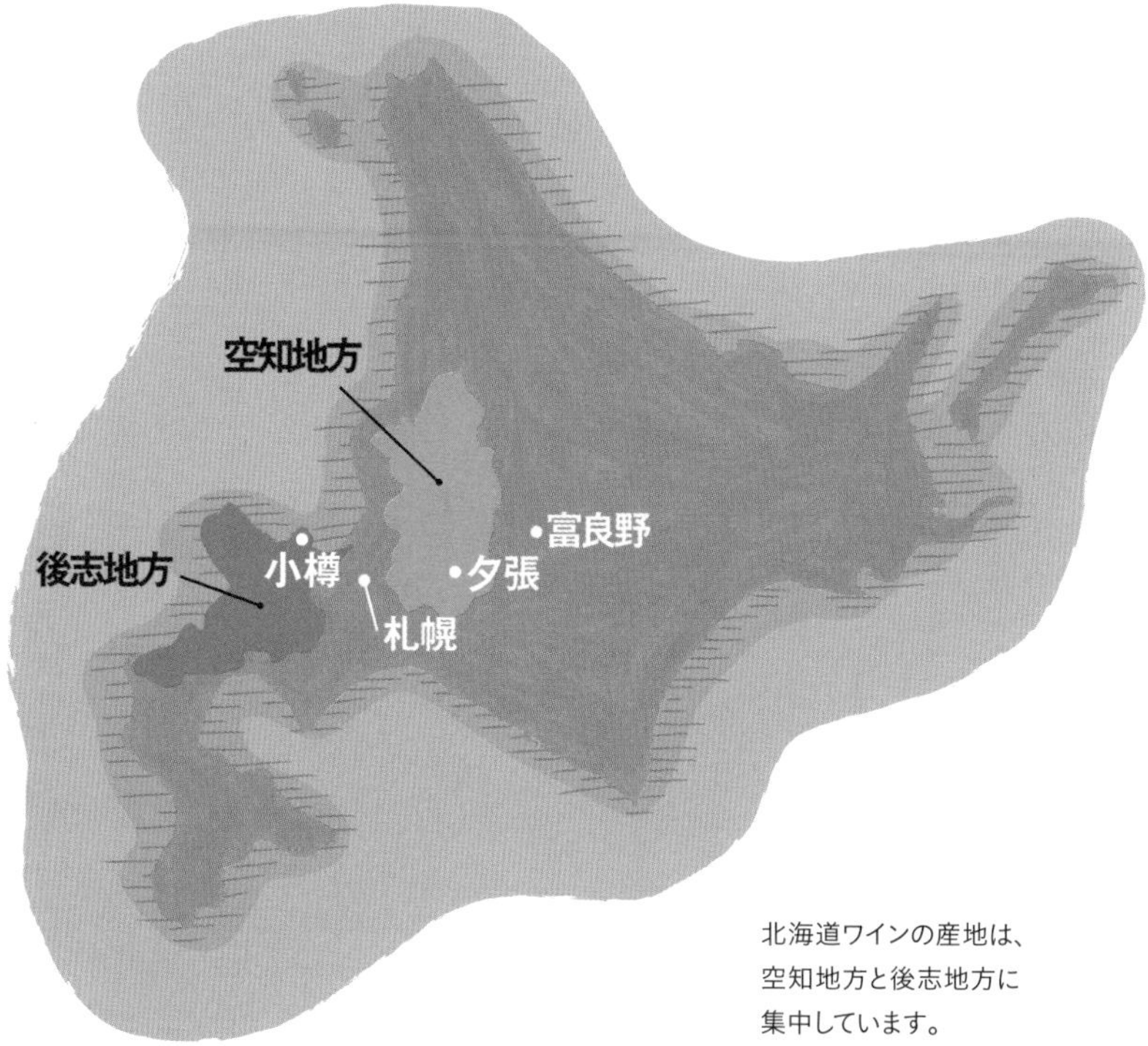


北海道ワインの産地は、
空知地方と後志地方に
集中しています。

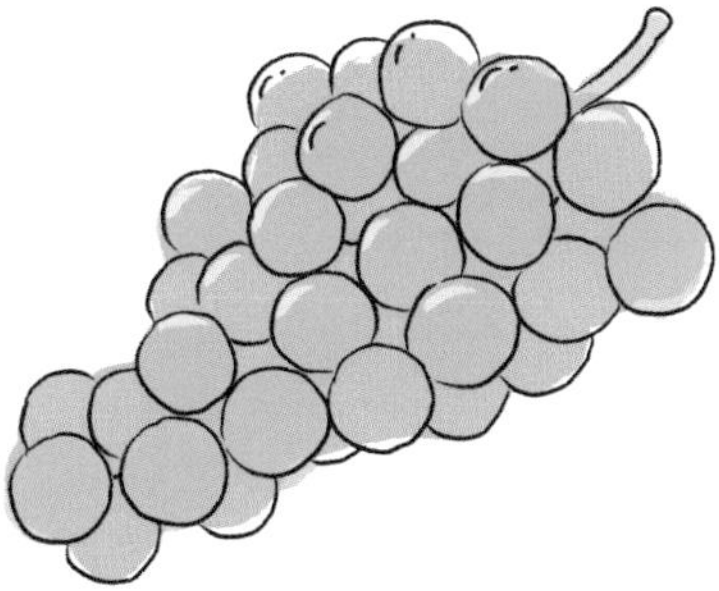

### ナイアガラ

糖度は15〜20度と高く、口の中に入れた瞬間に、口の中いっぱいに爽やかで甘い香りが広がる。

JAPAN
山形県
Yamagata

# フルーツ王国の真骨頂 山形ワイン

ブドウそのものの生産量が全国3位のフルーツ王国、山形。2021年にはワインの地理的表示として「山形」が指定され、ますますワイン産地として注目を集めています。

ワイン産地として全国第4位の生産量を誇り、ブドウの生産量でも全国第3位にランクインしているのが山形県です。山形県は、さくらんぼをはじめ果樹栽培が盛んで、「フルーツ王国」とも称されており、ブドウ栽培の歴史も古く、実は、江戸時代中期からすでに栽培が始まっていました。明治時代になると、初代県令の三島通庸《みちつね》がワイン醸造を奨励したことで、1892年に東北地方で最初のワイナリー「酒井ワイナリー」が創業することとなりました。

そんな山形県で生産されている原料品種の代表的なものは、デラウェア（出荷量は全国1位）とマスカット・ベーリーA（出荷量は全国2位）です。それ以外にもシャルドネ（出荷量は全国1位）をはじめ多彩な品種が出荷されています。

山形県の代表的なワイン産地は、県南部にある置賜《おきたま》地方に集まっています。土壌の水はけが良く、生育期には晴天が多く、なおかつ収穫期の昼夜の寒暖差が大きいという山形の気候風土は、良質なブドウの生産に非常に適しています。

2021年、山形県は、山梨県と北海道に続いて3番目にワインの地理的表示（GI＝Geographical Indication）の指定を受けることとなり、山形県産のワインのブランド価値が今後もどんどん高まっていくことは間違いないでしょう。

# 山形ワインの主な産地

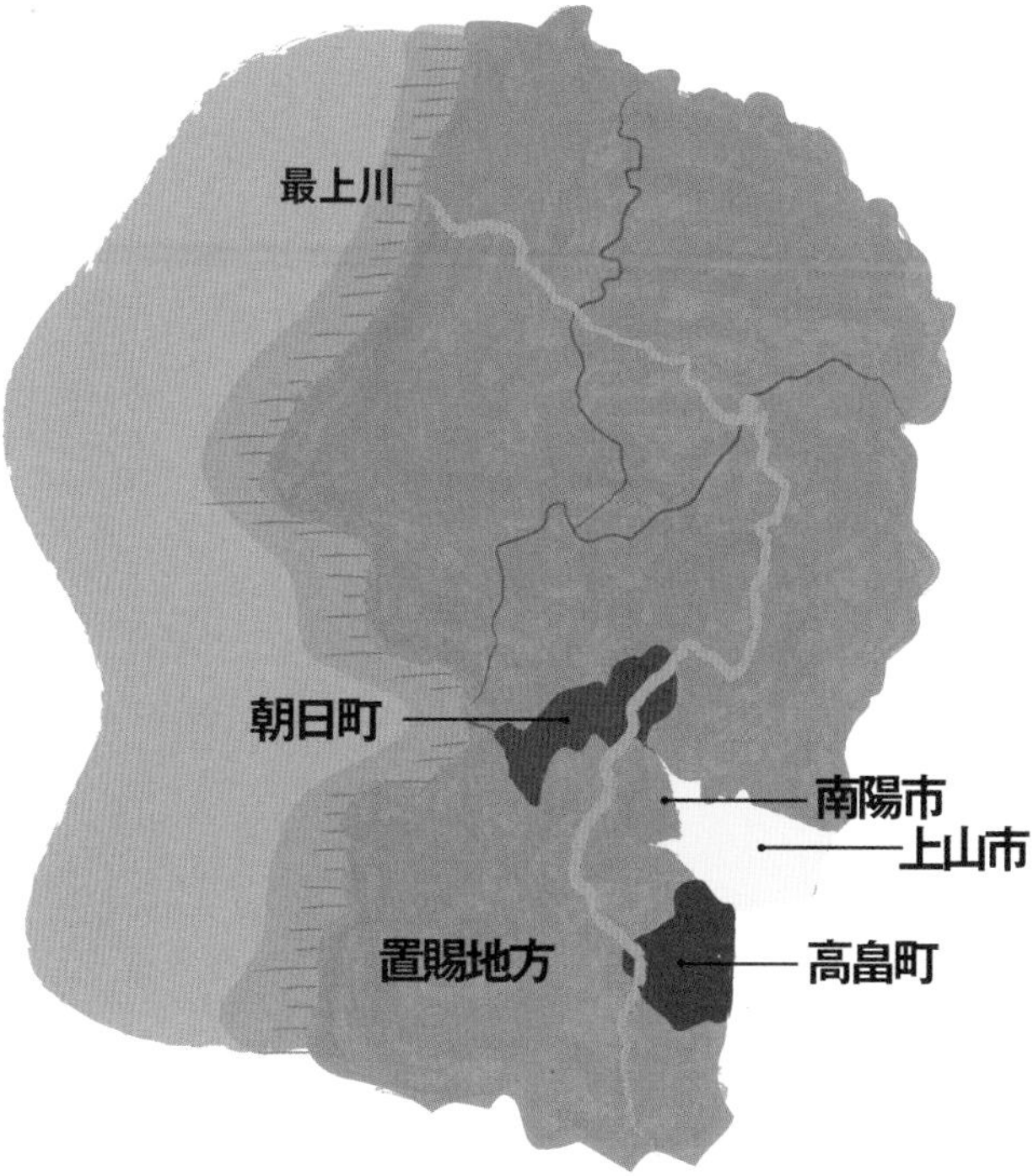

## 山形はフルーツ王国

山形県は元々果樹栽培がとても盛んで、フルーツ王国と呼ばれています。ブドウ収穫量は、堂々の全国第3位。山形でつくられているブドウ品種は、マスカット・ベーリーA、デラウェア、コンコード、カベルネ・ソーヴィニヨンなど多岐にわたります。

長野県
JAPAN
Nagano

# 「信州ワインバレー構想」で躍進！長野ワイン

ワイン生産量は全国2位、ワイン用ブドウ生産量は全国1位を誇る長野県は、「信州ワインバレー構想」によって、2010年代から続々とワイナリーが新規参入しています。

日本ワインの4大産地の中でひときわ大きな存在感を放っているのが長野県です。長野県のワイン生産量は、山梨県に次いで全国2位にランクインしているだけでなく、ワイン用のブドウの生産量では他県をしのいで堂々の全国1位となっています。

長野県の気候風土は、県全体で雨量が山梨県よりも少なく、その点でワイン造りにとても適していいます。また、ワイン造りの必須条件とも言える昼夜の寒暖差も大きく、良質なブドウをつくるのにうってつけの土地と言えるでしょう。

長野県は、2013年、長野をワインの一大産地として発展させるために「信州ワインバレー構想」を立ち上げて地域振興を図りました。その一環として、県内のワイン産地を「桔梗《きょう》ヶ《が》原《はら》ワインバレー」「日本アルプスワインバレー」「天竜川ワインバレー」「千曲川ワインバレー」の4つに分類し、それらを総称して「信州ワインバレー」と呼称することにしました。

各ワインバレーは、お互いに協力し合いながら長野県産ワインのブランド価値向上に努め、長野県産ワインを「NAGANO WINE」という呼称に統一して、世界に売り込んでいます。長野で栽培されている主な品種では、赤ワインのコンコード、白ワインのナイアガラの他、信州に馴染みのある竜眼・善光寺ブドウ、信濃リースリングなどが有名です。

# 長野県の主なワイン産地

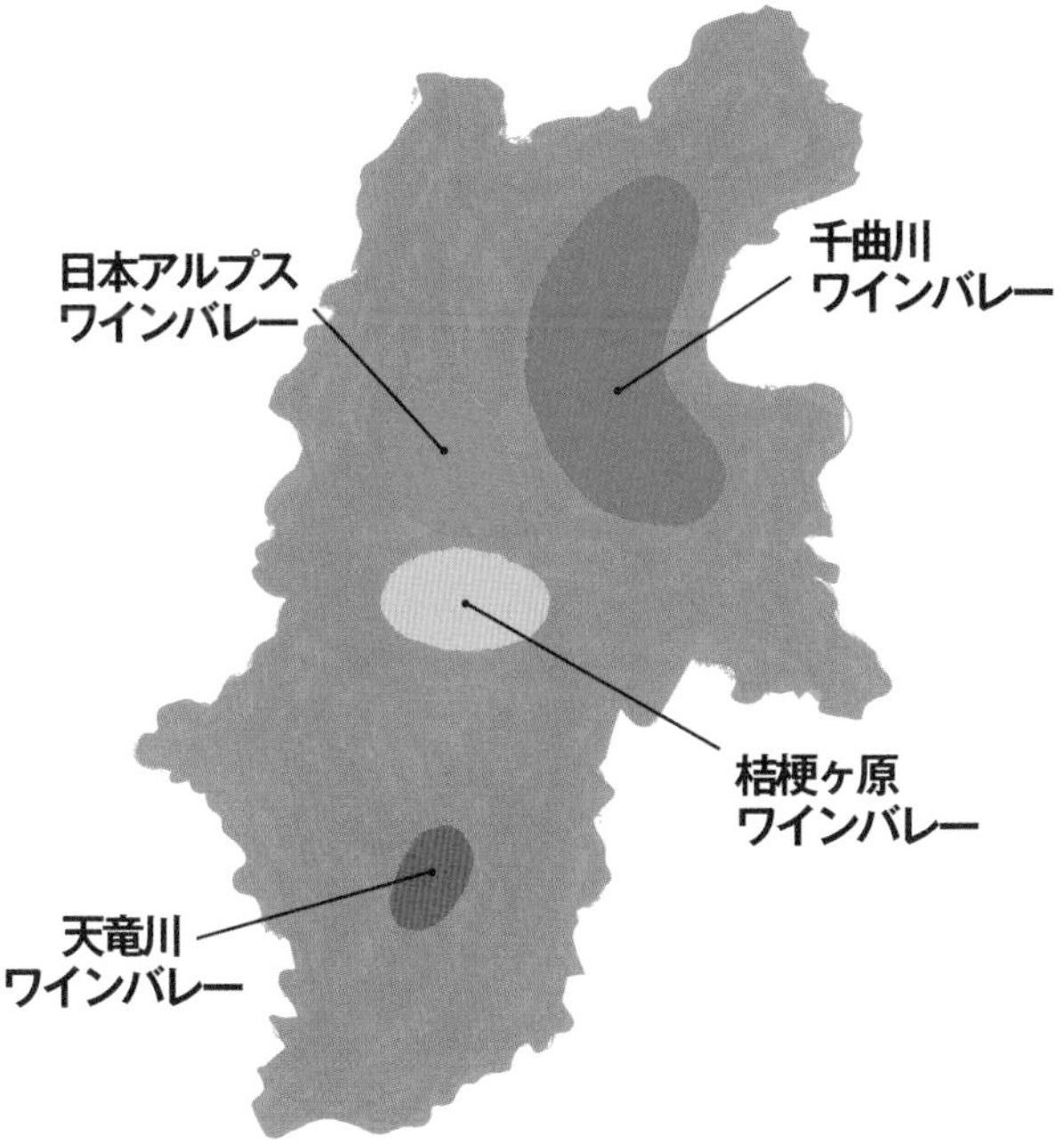




## 長野県ならではのワイン品種

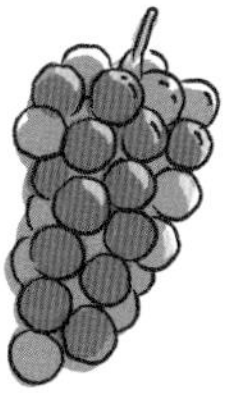

**【竜眼・善光寺ブドウ】**

中国からもたらされたヨーロッパ系品種。善光寺の周辺で栽培されていました。ワイン用だけでなく生食用としても親しまれています。

**【信濃リースリング】**

小諸のマンズワインが開発した独自品種。シャルドネとリースリングを掛け合わせてつくられた白ブドウです。

**【浅間メルロー】**

同じくマンズワインが独自に開発した黒ブドウ。竜眼とシャルドネを掛け合わせてつくった浅間という品種と、ボルドー地方のメルローを交配させてつくられています。

JAPAN
山梨県
Yamanashi

# 日本ワイン発祥の地 山梨ワイン

寿司や刺身など和食によく合うワインと言えば、日本の固有品種「甲州」を使った山梨ワインです。山梨は、なぜ日本最大のワイン産地となったのでしょうか。

日本ワインの発祥地にして、日本最大のワイン生産量を誇る山梨県には、全国最多の90以上ものワイナリーが集まっています。

山梨でワイン醸造が始まったのは、明治初期のことでした。欧米を視察した明治新政府の高官が殖産興業の一環としてワイン造りに着目、1877年に山梨県勝沼に大日本山梨葡萄酒会社（現・まるき葡萄酒）が設立されることになったのです。

その後も山梨県では続々とワイナリーがつくられ、大手メーカー、家族経営の小規模なワイナリーなど幅広い生産者が存在しています。

山梨ワインは、長野ワインと同じく国税庁が定めた「地理的表示（GI）」の対象となっています。これは、厳格な生産基準をクリアしているワインだけが得られる表示のことです。GIの対象になるには、その土地で栽培された指定品種のみを使って造っているかどうか、県内で醸造しているかどうかなどの基準をクリアしていることが求められます。

山梨県が日本最大のワインの生産地になった理由は、甲府盆地にあります。甲府盆地は、周囲を山に囲まれているために降水量が少なく、梅雨や台風などから受ける影響が小さいという特徴があります。また、ブドウ栽培に必須の昼夜の寒暖差も大きく、日照時間が長いというメリットもあります。こういったブドウ

# 山梨は日本ワイン発祥の地

あのワインというものを
日本でも造るべきだ！

1877（明治10）年
**大日本山梨葡萄酒会社**
**（現・まるき葡萄酒）設立**

## 山梨はなぜワイン製造に向いているのか？

**【 甲府盆地 】**

甲府盆地は、日照時間が長く、昼夜の気温の寒暖差が大きく、なおかつ降水量が少ないというブドウの生産とワインの製造にうってつけの気候風土を持っています。

栽培に最適とも言える気候風土が、山梨県を日本最大のワイン産地に押し上げたのでした。

山梨県で栽培されている代表的な品種と言えば、何といっても白ワインの「甲州」でしょう。まさに山梨地方の旧名が冠せられたこの品種は、日本を代表するブドウの固有品種で、800年以上の栽培の歴史を持ち、現在では国際的にも高い評価を受けています。

甲州の特徴は、果皮が分厚く、若干の赤みを帯びていて、夏みかんにも似た柑橘系の爽やかな味わいを持つことです。そのため、刺身、煮物、寿司などの日本食によく合う白ワインとして、大変人気があります。

甲州以外に山梨県で生産されている品種としては、川上善兵衛が開発した黒ブドウ品種のマスカット・ベーリーA、アメリカ原産の白ブドウ品種デラウェア、フランス・ボルドー地方原産の黒ブドウ品種カベルネ・ソーヴィニヨンなどがあります。

山梨県のワイン産地は、そのほとんどが甲府盆地に集まっており、とりわけ有名なのが勝沼のある甲府盆地東部です。ここには、日本最古のワイナリーであるまるき葡萄酒をはじめ、およそ30ものワイナリーが密集しています。それ以外にも盆地の中央部と西部にもワイナリーが点在しています。

周囲を山に囲まれた甲府盆地

# 山梨県の主なワイン産地

## 日本ワインを代表する2大品種

【甲州】

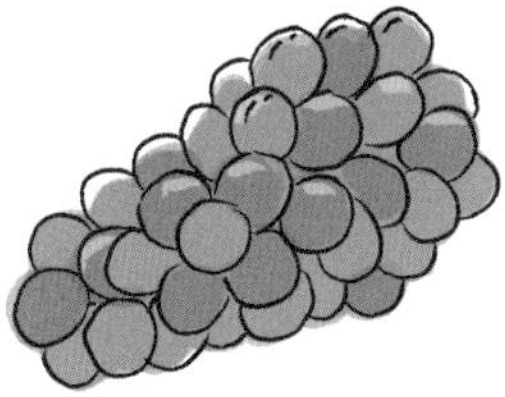

【マスカット・ベーリーA】

山梨ワインと言えば、そのブランドを支えているのが
日本ワインを代表する2大品種である甲州とマスカット・ベーリーAです。
いずれも和食によく合うワインとして親しまれています。

Column 3

# 新約聖書とワイン
# 最後の晩餐でのイエスの言葉

『旧約聖書』だけでなく、『新約聖書』にも、ワインと関係する多くの記述があります。例えば、「マタイによる福音書」第26章の有名な最後の晩餐のシーンで、キリストはパンをちぎって弟子に与え、「これを取って食べなさい。これは私の体です」と言い、さらに、ワインを取って杯に注ぎ、「杯を取って飲みなさい。これは私の血です」と言ったという記述があります。また、「コリントの信徒への手紙」第11章にも同様の記述がみられます。このことに基づいて、キリスト教の聖餐式(ミサ)ではパンとワインが出され、これを口にすることで罪が許されると信じられています。

また、「ヨハネによる福音書」第2章には、水をワインに変えるという逸話が示されています。ある結婚式の最中に酒が切れたが、イエスの母のマリアの汲んできた水をイエスがワインに変えるという奇跡

『新約聖書』の記述をモチーフにした、レオナルド・ダ・ヴィンチの絵画『最後の晩餐』。中央にはイエスが、テーブルの上にはワインとパンが描かれている。

を起こしたことが物語られています。この記述からもワインは当時の人にとって日常的に飲まれる酒であったことと、キリスト教がこの酒を重視したことが理解できます。

さらに、「ルカによる福音書」第5章にはワインが比喩として使われているのが発見できます。そこでは、新しいワインを古い皮袋に詰めれば、ワインが袋をはり裂き、ワインがこぼれ出てしまうので、誰しも新しいワインは新しい皮袋に入れるべきと書かれています。新たな宗教・生活上の教えは古い慣習の下ではなく、新たな慣習の下に育っていくことがこの比喩には示されています。こうしたワインを巡る逸話は『新約聖書』の中に他にも多数見出すことができます。

## キリスト教の普及とともに世界へ広がったワイン文化

キリスト教がワインというお酒を重視した結果、4世紀にキリスト教がローマ帝国の国教となることに伴って、ワインが世界的に普及していきました。ワイン文化は、ローマ帝国の影響下で、まずは、ヨーロッパ全土に広がっていきます。その後、ヨーロッパ諸国が世界的に強大になっていくことで、南北アメリカ、アジア、オセアニアにもワイン生産の波が押し寄せていきました。

こうした歴史的な流れの中で注目されるのは、修道院の役割です。ワインの発展を考える場合、修道院が果たした役割は欠くことのできないものでした。中世のヨーロッパの領主たちは修道院に広大な土地を与え、修道院はその土地で農作物を栽培していましたが、その中でもブドウ畑は重要なものでした。なぜなら、上記のようにワインがキリスト教のミサには欠かせないものだからです。多くの修道院ではブドウ畑で収穫したブドウからワインを単に醸造しただけでなく、様々な研究を行い数々の素晴らしいワインを造り出しました。シャンパンも修道院でできたワインの一種です。

ワイン造りは清貧と勤勉を重んじる修道院生活に非常に適したものでした。しかし、こうした宗教的な側面だけではなく、労働の重要さの強調という側面も持っていたため、近代資本主義の発展にとって大きな役割を担ったとドイツの社会学者マックス・ウェーバーは主張しています。ウェーバーのこの説は近代資本主義を考える上で、非常に重要な考え方となっています。このように見ていくと、宗教的な行為に結び付いたワインの生産が、経済や政治体制の変革をも呼び起こしていったことが十分に理解できます。

キリスト教がワインというお酒を重んじる宗教でなかったならば、キリスト教が世界宗教になっていなかったならば、ワインは世界的なお酒とはならなかったでしょう。そう考えるとワインとキリスト教の結び付きがとても深いものであることがわかるのではないでしょうか。ワインの歴史は単なるアルコール飲料の変遷というものではありません。そこには宗教的、政治的、経済的、社会的な人類の歴史のドラマが秘められています。一杯のワインにも歴史があると思いつつ、グラスを傾けてみてください。そこには歴史の味わいがあるに違いありません。

カトリック教会でのミサの様子。最後の晩餐を再現するために、儀式ではワインが必要になる。このため、中世ヨーロッパの修道士たちはミサ用のワインを自ら造ったが、これによりワインはキリスト教の伝播とともに世界中に広がった。

Chapter

4

# 知っておきたいワインのマナー

初心者がワインを飲むときのハードルとなるのがワイン特有のマナーです。
注文の仕方、ボトルの開け方、飲む方法……
西洋で生まれたワイン文化にはいくつかのルールが存在しますが、
それらはワインを最大限に楽しむために生まれたのです。
最終章では、ワインを飲む際に知っておくべきマナーを紹介します。

Wine Manners

# レストランでの注文の仕方

ワイン初心者は、レストランでワインを注文しようとするとどうしても緊張してしまうもの。ここでは、レストランでの注文の仕方とホストテイスティングについて学びます。

レストランでワインを注文するのに慣れていない人にとっては、「どうすればいいのだろう？」とオロオロしてしまうかもしれません。でも、心配は無用です。レストランでのワインの注文では、いくつかの点さえ押さえておけば問題はありません。

まず、ワインの選び方は、よほどの通でない限りは、「価格帯」「合わせたい料理」「自分の好みのワイン」「自分の苦手なワイン」「今日の気分」「記念日であること」などをソムリエに伝えて、ソムリエの意見を聞きながら決めればいいと思います。思い切ってソムリエに全部任せて選んでもらうのもいいでしょう。

ワインを選んだら、次にホストテイスティングを行います。これは、その座席にいるもてなす側のホストが代表してワインの味見を行う行為で、左図で示したような手順があります。

ちなみにもてなす側とは、男女のカップルなら男性の方が、グループで来ている場合は主催者の方がそれに当たります。

ホストテイスティングは、よほど味に問題がない限りは、手順通りに進めれば何の問題もありません。ワインの味を評価したり、感想を述べたりするようなものではありませんので、専門的な知識がない人でもできますので、気軽にワインを注文してみましょう。

# レストランでワインを注文するには……

価格帯
合わせたい料理
自分の好みのワイン
自分の苦手なワイン
記念日であること

ワインをソムリエに選んでもらう際には、上に挙げたような基準になる事柄を伝えましょう。完全にお任せで選んでもらう場合も、予算だけは伝えるようにしましょう。

## ホストテイスティングの手順

ラベルをチェック
↓
開栓
↓
色合いをチェック
↓
香りをチェック
↓
味わいをチェック
↓
最終確認

ホストテイスティングは、味の感想を言う場ではありませんので、目で見て色合いに異常がないかを確認し、グラスを内側に回したあとで香りを確認し、ワインを一口含んで味わいに異常がなければ、そのまま飲み込んでください。そして、最後に「大丈夫です」とソムリエに伝えればOKです。

ただの確認なので、
難しく考えないでください。
異常があるかどうかわからなければ、
ソムリエに任せてもいいですよ。

# ワインの味と値段の関係を学ぼう！

ファミレスで数百円で飲めるグラスワインから、ボトル1本5万円以上する超高級ワインまで……。なぜ、ワインにはこれだけの価格差が存在しているのでしょうか？

ワインと一口にいっても、様々な価格帯のワインが売られていて、何を買ったらいいのかさっぱりわからない……という方も多いのではないでしょうか？　ここでは、ワインの価格帯と味の関係について見ていきましょう。ワインには、数百円で飲めるグラスワインから、ボトル一本で5万円以上するようなワインまで、様々な価格帯があります。

多くのワイン初心者の方は、「安いワインは美味しくなくて、高いワインは美味しいの？」という疑問を必ずといっていいほど抱くと思います。美味しいワインを飲みたいけれど、いったいどの価格帯のワインを買えば満足できるのか？と。

まず、ワインの価格帯は、大まかに分けて左図のようになります。なぜ、ここまで価格差が生まれるかというと、理由は「希少価値」です。質の良いブドウほど限られた場所で限られた量しか生産できませんし（上質なものだけを残すための間引きが行われることもあります）、美味しいワインほど需要が高まるので結果的に希少価値が上がるのです。

さて、高いワインは値段に見合うだけ美味しいのか？という疑問ですが「美味しさが価格に比例する」とは限りません。なぜなら、人には好みがあるからです。ただし、値段が高くなればなるほど、美味しいワインと出会う確率が上がるといえます。

## ワインはなぜ高くなる?

収穫量が低いと
単価が高くなる

有機栽培など
手間暇をかけている

熟成に時間を
かけている

レア度が高く供給が
追いつかない

人件費の高い国で
造られている

その他、ブドウの品質を高く
維持するために、ブドウを間引いて収穫量を
下げている農園もあります。

## ワインの価格帯とは?

価格が高くなれば
なるほど美味しいワインに出会える
確率が上がります。予算の許す限り
いろいろな価格帯の
ワインを飲んでみましょう!

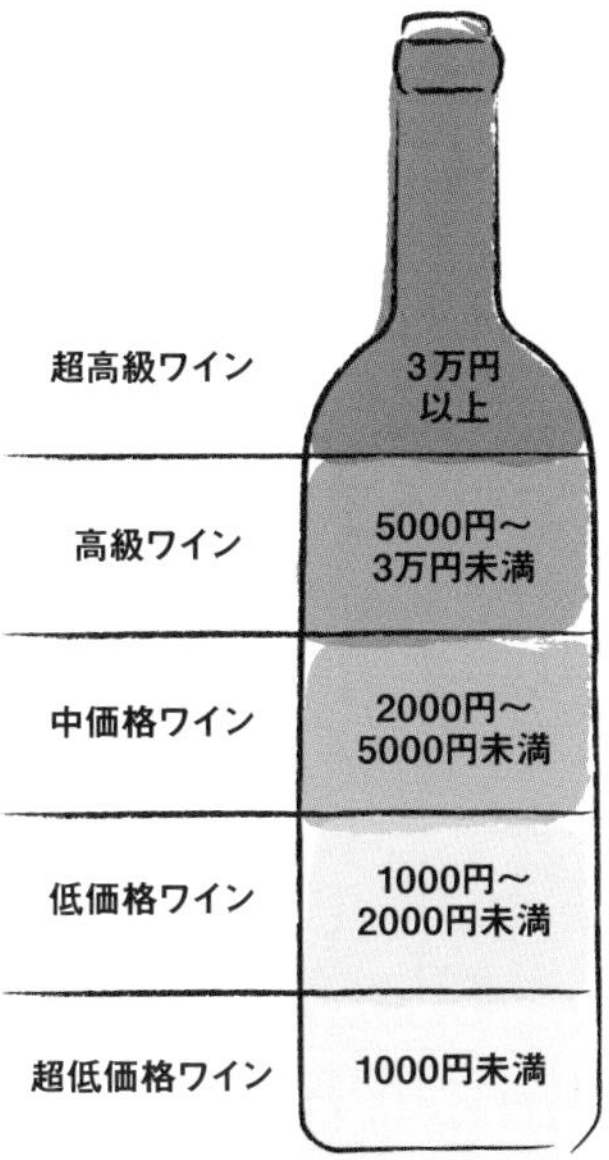

# ワインを飲むときのNGマナー

レストランでワインを飲むとき、どうしても気になるのが「何をしてはいけないのか」というNGマナー。ここでは、どんなことがNGになるのかをしっかり学びましょう。

ワイン初心者の方は、レストランでワインを飲むときに「してはいけないこと」をしてしまうんじゃないか？とドキドキしてしまうかもしれません。

確かに、ワインを飲むときにしてはいけないNGマナーがいくつか存在しています。

まず、ワイングラスの持ち方ですが、左図のようにワイングラスの「ボディ」を持つのはやめましょう。なぜなら、手のひらの温度でワインの味が変質してしまうからです。グラスを持つときはステム（脚）を持つのが正解です。

また、グラスを持ったら、それをグルグル回したくなる人がいるようです。テイスティングの際にワインの香りを広げるために回すのですが、このグラスを回す行為はスワリングといって、しすぎるのはNGです。

回しすぎて中身をこぼしてしまったら、とんだ赤っ恥になりますので、ほどほどにしましょう。

ちなみに、テイスティングの際にスワリングする場合は、右利きの人なら反時計回りに、左利きの人は時計回りに回しましょう。これは、自分の方向に回すことによって、もしこぼしてしまった場合に他の人にワインがかからないようにする配慮のためです。

## グラスのボディを持たない

## グラスを回しすぎない

うわ、回しすぎて
こぼしちゃったよ……

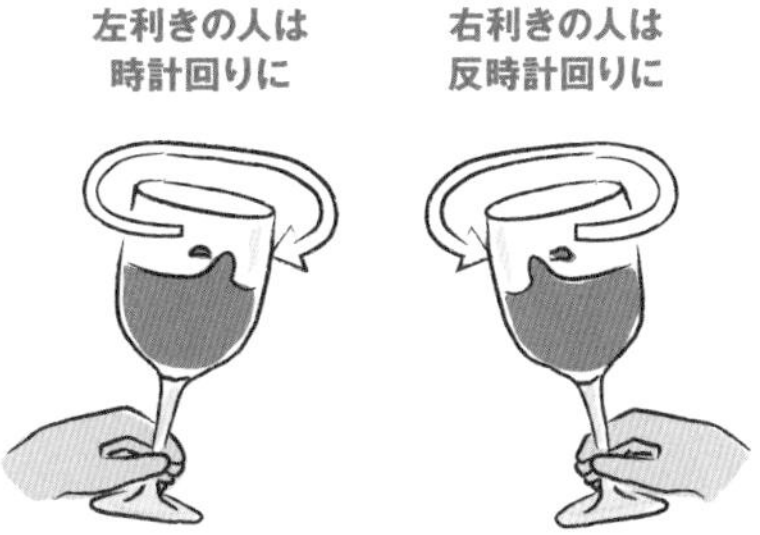
左利きの人は
時計回りに
右利きの人は
反時計回りに

グラスをスワリング（回すこと）するときは、
自分の内側に向けて回します。

## グラス同士を強くぶつけて乾杯しない

ガッチャーン

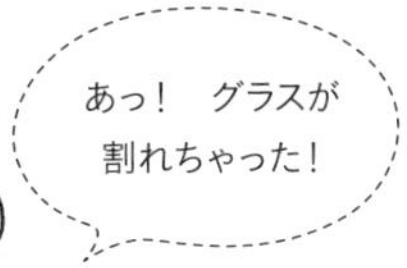
あっ！　グラスが
割れちゃった！

レストランのグラスは大切な備品ですので、強くぶつけて音を立てるような乾杯はやめましょう。乾杯は、グラスを目の高さに掲げて、相手とアイコンタクトをする程度にします。

さて、いよいよワインを飲む段階になったら、同席の人と乾杯したくなるものです。

乾杯のときにやってはいけないことは、何だと思いますか？　よく映画やドラマなどで見たことがあるかもしれませんが、グラス同士をぶつけて音を立てて乾杯をするやり方です。あれは、実はＮＧマナーです。

なぜなら、グラスをぶつけた際にグラスが割れてしまうリスクがあるからです。この場合の正しいマナーとは、グラスをぶつけずに目の高さに掲げて、お互いでアイコンタクトをする程度にとどめるというものです。

ワインをおかわりしたくなったとき、あなたの手の届く範囲にボトルがあった場合、どうしますか？自分でボトルを持って自分のグラスに注ぐ、いわゆる「手酌」をしたくなるかもしれませんが、それはちょっと待ってください。

手酌をしたくなっても、お店の人を呼んでお願いしましょう。

自分で注ごうとした結果、ボトルを落としたり、こぼしたりするリスクを回避するためです。また、西洋の食事文化ではレディーファーストの精神ゆえ、女性にワインボトルを持たせるのは特にＮＧとされているので注意してください。

女性と言えば、ワイングラスに口紅がついてしまった場合、それをどうしたらいいかと悩む人も多いようです。

口紅がついてしまった場合は、いきなりナプキンでグラス表面を拭うのはやめてください。ナプキンで拭いたときにグラスを傷つけたり、割ったりしてしまうかもしれないからです。まずは、自分の指で優しく拭った後、その指をナプキンで拭くようにします。

# 手酌をしない

ワインをこぼすリスクがある

×
人を呼ぶの
面倒だから自分で
注いじゃえ

おかわりは人を呼んで注いでもらう

○
お願い
します

# 女性にワインボトルを持たせない

僕が持つよ

ワインはレディーファーストの精神が息づく西洋文化で生まれた飲み物ですので、特に女性にボトルを持たせるのはNGとされています。

# 口紅をナプキンでいきなり拭かない

まず、自分の指で口紅を拭います。

ナプキン

だいたい拭い終えたら
ナプキンで優しく拭きます。

# ワインのスマートな開け方

自宅でワインを楽しむときに困るのが、ワインボトルの開け方です。ここでは、最もポピュラーなコルク栓をソムリエナイフで開ける方法を勉強しましょう。

レストランでワインを楽しむ場合は、たいていのことはソムリエやお店の人がやってくれますが、自宅でワインを楽しむ場合は、ワインボトルを自分で開けなければいけません。ここでは、ワインボトルの正しい開け方を学んでいきます。

ワインの栓には、コルク栓、スクリューキャップ、ガラス栓、蠟《ろう》キャップなどの種類がありますが、あなたが開け方に戸惑うのはコルク栓だと思いますので、コルク栓の開け方を見ていきましょう。

コルク栓を開けるのに必要な道具の代表的なものはソムリエナイフです。ソムリエナイフには、フックが1つのシングルアクションタイプとフックが2つのダブルアクションタイプがあります。両者とも、左図のようにキャップシールにナイフで切り込みを入れてシールを外したら、スクリューの先端をコルクに差し込んでいき、フックを瓶口に引っ掛けたらテコの原理を使ってコルクを引き抜くようにして開栓します。ダブルアクションとシングルアクションでは、栓を引き抜くときの動作がやや異なります。

その他、コルク栓を開ける道具には、セルフスプリング方式、ウイング方式などもあります。

また、よく出会う栓としてはスクリューキャップがありますが、開け方としてはキャップシールの上部ではなく、下部の方を持ってボトルの底の方を回します。

# ソムリエナイフは2種類

| ダブルアクションタイプ | シングルアクションタイプ |
|---|---|

この2つのナイフは、フックの数が異なりますが、
基本的にコルクを引き抜くところまでは使い方はほぼ同じです。



①

まず、ナイフの刃でネックの出っ張りの下の部分に切り込みを半周入れたら、刃を持ち替えて、また半周切り込みを入れます。

②

切り込みから上に向かって刃で縦に切り込みを入れたら、キャップシールを剥がします。

③

スクリューの先端をコルクに差し込んだら、3回転ほど捻って押し込んでいきます。

④

ダブルアクションなら1つ目のフックを引っ掛けたら、手で押さえて2つ目のフックを瓶の口にひっかけて、コルクを真上に引き抜きます。

# どんなグラスで飲めばいいの？

**脚がついていて、ボディの中央がふくらんでいるワイングラスの形には意味があります。ワインの味と香りを100％楽しみたければ、ぜひワイングラスで味わってください。**

さて、自宅でワインを楽しむ際に、ぜひ用意していただきたいのが「ワイングラス」です。ワインは飲み物ですから、飲むだけならワイングラス以外の器で飲むことは可能です。しかし、ワイングラスで飲むのには、ちゃんとした理由があるのです。

まず、ワイングラスの形状を見てください。グラスの底の方が膨らんでいて、飲み口（リム）の方がすぼまったボウル状になっています。これは、できるだけワインをグラス内の空気に触れさせて香りを開くとともに、その香りをグラス内にとどめておくための形状なのです。

また、グラスに脚（ステム）がついているのは、グラスのボディを直接手で掴むことで、手の熱がワインの味や香りに影響を与えないようにという配慮からです。

したがって、ふつうのグラスのように脚がなく、また飲み口が上に向かって広がっているグラスで飲むと、そのワイン本来の味や香りを楽しむことができなくなってしまうのです。

ワイングラスには、左図のように5つのタイプがありますが、それぞれに得意分野が異なります。しかし、初心者の方はまずは万能型の「キアンティ型」を揃えておけば問題ないと思います。その後で、自分の好みのワインに合わせて、グラスを買い足していくのがいいでしょう。

# ワイングラスの形の意味とは？

飲み口が狭まっていることで、
香りがグラス内から逃げにくく
なっています。

脚があることで、人の肌の温度で
味や香りに影響を与えにくくなっています。

ワイングラスは、
ワインの味や香りを
できるだけ損ねないように
配慮してつくられた
デザインです。

### キアンティ型

万能型でだいたいどんな
ワインにも合います。

### ブルゴーニュ型

特にブルゴーニュ産の
赤ワイン、ピノ・ノワールなどに
合います。

### ボルドー型

特にボルドー産の赤ワイン、
カベルネ・ソーヴィニヨンなどが
合います。

### フルート型

シャンパンなど炭酸の入ったスパークリングワインの泡を楽しむタイプです。

### モンラッシェ型

シャルドネなどの高級な白ワインに合います。

ワイングラスと一口に言っても、実は様々なタイプがあります。まずは、基本のキアンティ型を揃えておき、自分の好みのワインに合ったグラスを手に入れましょう。

Wine Manners

# ワインを注ぐときのコツとは？

ワイングラスを用意して開栓したら、いくつかのポイントを押さえた上で、できるだけワインの味と香りを損ねないようワインをグラスに注いでみましょう。

ワイングラスを用意し、ワインボトルを開栓したら、ワインをグラスに注いでみましょう。ワインをグラスに注ぐときに気をつけていただきたいポイントがいくつかあります。

まずは、ボトルの持ち方です。ワインは熱に弱いため、ボトルの真ん中あたりを手でわし掴みにするような持ち方はやめましょう。できるだけボトルの底面に近い方を持つか、ナプキン越しに掴むようにしましょう。そして、人前で注ぐ場合は、ワインのラベルを手で覆わずに、よく見えるようにしておきます。ボトルは、片手でも両手で持ってもどちらでも構いませんが、手の熱が触れる面積をできるだけ小さくする意識を持ってください。

そして、グラスに注ぐ際に注意したいのが、ボトルの口とグラスの飲み口をぶつけないようにすること。やや高いところからグラスの真ん中に向かってワインを注いでください。このとき、ワインと空気が混ざることで、ワインの香りがグラス内に充満します。

ワインの香りがなるべく逃げないように、ワインを注ぐ量はグラスの3分の1程度に留めてください。注ぎすぎるとワインが飲み口に近くなるため、香りの成分が速く逃げてしまいます。

注いだらワインボトルを軽く捻りながら上げることでワインがこぼれるのを防ぎます。

# ワインの正しい注ぎ方

ボトルの底の方を持って、グラスの中心に向かって注ぎます。少し上の方から注ぐことで、空気と混ざって香りが立つようになります。目安はグラスの3分の1のところまで。それ以上注いでしまうと、香りが散ってしまいます。



# 注ぐときの注意点

## ボトルをグラスの縁に当てない

ワイングラスは割れやすいので、注ぎ口を当てないようにしましょう。

## ボトルの口を回しながら上げる

ワインを注いだら、ボトルの口を回しながら上に上げることで、滴が外にこぼれにくくなります。

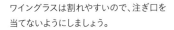

# ワインを一番美味しく飲む方法とは？

ワインは味覚だけで味わうものではありません。嗅覚や視覚でも味わうことで、ワインの魅力が何倍にもなって引き出されるのです。ここではワインの楽しみ方を見ていきましょう。

ワインをグラスに注いだら、すぐに口をつけて飲み干したくなるかもしれませんが、飲み干す前に楽しめるだけ楽しみましょう。

ワインを楽しむのは、何も私たちの味覚だけではありません。ワインは、私たちの味覚、視覚、嗅覚の3つの感覚器官をフルに使って味わうべきものなのです。ですから、味覚で味わう前に、残り2つの感覚を使って、グラスに注いだワインを楽しみましょう。

まず、グラスを光に透かして、ワインの色を鑑賞します。こうすると、ワインにも様々な色の濃淡や色合い、色味があることがよくわかると思います。

また、色味がよくわからないときは、白いテーブルクロス、白い紙、白い壁などを背景にしてかざすとより色味がわかるようになるでしょう。次に、嗅覚でワインを楽しみます。ワイングラスをゆっくりと自分の体に向けて、内側に回してみましょう。ワインの香りを広げるためのスワリングです。ワインが空気に触れることで、芳香が開いてグラスの中に広がるため、香りを感じ取りやすくなります。スワリングは、グラスをテーブルに置いた状態ですることで、さらに芳香が開きやすくなります。

そして、最後にワインを口に含んだら、含んだままワインを優しく嚙むようにします。こうすると、ワインの味も香りも十全に味わうことができるのです。

# ワインを美味しく飲む３つのステップ

視覚で味わう

まずは、ワインを光にかざしたり、白いテーブルクロスを背景にしたりして、色合いを楽しみましょう。

嗅覚で味わう

自分の体の内側に向かってスワリングをして、香りを立たせ、香りを楽しみましょう。

味覚で味わう

ワインを口に含んだら、ワインを噛むようにします。こうすることで、ワインが口全体に広がって、香りや余韻を含めたすべてを味わうことができます。

# 食事とワインの切っても切れない関係

ワインを楽しむなら、せっかくですから料理との「マリアージュ」も楽しみたいところ。ここではワインと料理をどんな基準で合わせればいいのかを見ていきましょう。

さて、ワインをそれ単体で楽しむのもいいですが、やはりワインは料理に合わせたいという方が多いと思います。ここでは、ワインをどういった基準で料理と合わせればいいのかを学んでいきましょう。

ワインと料理を合わせる上で、知っておいた方がいい基準はいくつかありますが、最も簡単なのは「ワインの色と料理の色を合わせる」というものです。

わかりやすいのは、赤ワインと赤身肉（牛肉、鴨肉、羊肉）を合わせるというものです。そして、白ワインには、白身魚や脂の多い豚肉、または鶏肉を合わせるのです。これなら、誰でもすぐに実践できるので、ワイン初心者の方におすすめの合わせ方になります。ぜひ覚えておきましょう。

それ以外の基準では、「ワインの味と料理の味を合わせる」というものも知られています。一般的に、赤ワインは濃厚でこってりした味わいのものが多いので、同じく濃厚でこってりした味の料理と合わせます。例えば、ハンバーグのような肉料理や、味付けの濃い料理です。一方、白ワインはさっぱりとしてまろやかな味わいなので、同じようにさっぱりとした味付けの魚介料理などと合わせます。塩味には白ワイン、醤油味には赤ワインという組み合わせもいいと思います。

# ワインと食事の合わせ方とは？

## 色で合わせる

## 味で合わせる

また、こってりかさっぱりかだけでなく、「酸味があるかどうか」も合わせ方の基準になります。酸味の強いワインに、酸味のあるカルパッチョなどを合わせると相性がとてもいいでしょう。甘辛いタレを使ったような料理には、さっぱりとした軽めのワインよりも、コクのあるワインを選ぶ方が合います。このように、料理の味が持っている特質と、ワインの特質を合わせることで、いわゆるワインと料理の「マリアージュ（調和）」が生まれるのです。

その他の基準としては、「ワインの産地と料理の産地を合わせる」というものもあります。基本的に、同じ産地で生まれたお酒と食材を合わせると、相性がいい場合が多いです。なぜなら、その土地で育ち暮らしている人びとが味わっている組み合わせでもあるからです。例としては、トスカーナのワインを、トスカーナの郷土料理と合わせてみたり、それこそ日本人なら日本ワインと和食を合わせてみたりと、同じ産地同士で組み合わせてみるのです。

その他にも、例えば「ワインの香りと料理の香りを合わせる」という合わせ方をする人もいます。ワインには様々な香りがあり、その中でも料理と共通点のある香りを持つワインが存在します。例えば、スパイシーな香り、ハーブのような香りなど。そういった香りと合う料理を合わせてみるのもいいでしょう。

ワインと料理の合わせ方は様々な方法がある。

## 産地で合わせる

アメリカ産のワインは、BBQ料理などアメリカでよく食べられている料理とよく合います。

イタリア産のワインは、パスタやピザなどのイタリア料理と一緒に飲むとGOOD。

日本産のワインは、寿司や刺身、焼き鳥など日本食との相性がいいです。

フランス産のワインは、フランス料理全般との相性が抜群です。



## 香りで合わせる

**スパイシーな赤ワイン**

スパイシーなだけあってスパイスを使ったカレーやスパイシーチキン、ステーキなどの料理とよく合います。特にコショウ、クローブ、ナツメグなどとの相性がいいでしょう。

**動物的な香りの赤ワイン**

熟成香の強い赤ワインは、ジビエ料理との相性が◎。特に鹿肉との相性がいいですが、ジビエ以外にも加工されたソーセージやハム、チーズとの相性もいいでしょう。

**ハーブ系の香りの白ワイン**

ハーブ系の香りが強い白ワインには、同じくハーブが使われた料理が合います。白身魚や鶏肉をローズマリーやバジルなどのハーブを使って調理したものと合わせてみましょう。

**フルーティー系の香りの白ワイン**

柑橘系の香りのする白ワインには、同じくレモンやライムなど柑橘系の果物を使った料理が合うでしょう。野菜料理や塩で味付けした料理ともよく合います。

# ワインの冷やし方を学ぶ

ワインにはそれぞれ適切な温度というものがあります。一般的には6～18℃が望ましいので、飲むタイミングから逆算してワインを冷やしておく必要があります。

ワインは温度に対して敏感ですので、当然、飲むときのワインの温度も味や香りに影響を与えています。

ワインは必ずしも冷やせば冷やすほどいいというわけではありません。おおむね6～18℃の間がワインの美味しさ、香りの良さを引き出すことのできる温度だとされていますが、適切な温度は種類によって異なります。おおむね赤ワインは温度が高い方が良く、白ワインは温度が低い方が良いとされています。

ワインの冷やし方は、大きく分けて3通り。まずは、冷蔵庫に入れて冷やす方法。これは、冷えるまでに2～3時間はかかるので、飲むタイミングから逆算して冷やし始めてください。次に、ワインクーラーに入れるという方法があります。氷水を入れたワインクーラーに、ボトルを入れて冷やす方法ですが、こちらは冷えるまでに15～20分ほどで済みますので、急いでワインを飲みたいときに重宝します。

最後に冷凍庫に入れて冷やす方法もあります。こちらもワインクーラーと同様に15～20分ほどで冷やすことができますが、出し忘れてしまうと瓶が割れてしまうリスクがあるのであまりおすすめしません。

ちなみに、ワインクーラーと冷凍庫は、1分につき1℃下がるので、10℃以上が適切な赤ワインなどは冷やしすぎに注意してください。

# ワインの冷やし方は３通り

### 冷蔵庫で冷やす

冷蔵庫で冷やす方法では、ちょうどいい温度まで冷やされるのに2〜3時間かかります。前もって準備しておきましょう。

### ワインクーラーで冷やす

ワインクーラーで冷やすと、約15〜20分で急速に冷やされるので、食事の直前でも間に合います。

### 冷凍庫で冷やす

冷凍庫で冷やす方法も、ワインクーラー同様、短い時間で冷やすことができますが、放置は禁物です。

# 一流ソムリエが選ぶ初心者向けワイン10選

ワイン初心者にとって最大の悩みは何を最初に飲めばいいかということ。ここでは、そんな方のために、本書に登場したワインの中から比較的お手頃な値段のものを10本選んで紹介します。

## 1

### シャブリ(シャルドネ)

▼
P58

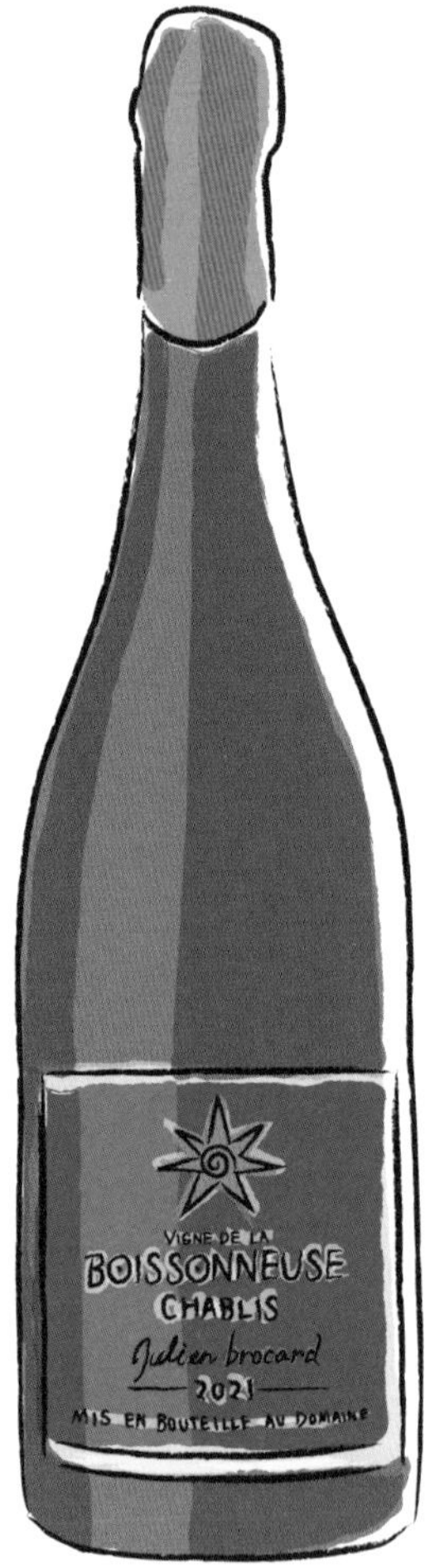


**銘柄：ジュリアン・ブロカール、シャブリ ボワッソヌーズ**

フランス・ブルゴーニュ地方のシャブリ地区で造られる、シャルドネ種を使った上質な辛口白ワイン。フレッシュで上品さを備えた味わいは和食にもぴったり。

# 2

## ボルドー（カベルネ・ソーヴィニヨン）

▼
P50

**銘柄：シャトー・デュルフォール・ヴィヴァン、マルゴー ル・ルレ・ドゥ・デュルフォール・ヴィヴァン**

ワイン初心者に最初に飲んでほしい赤ワインの中の1本。特にシャトー・デュルフォール・ヴィヴァンのワインは、カベルネ・ソーヴィニヨンを主体とした100%有機栽培のブドウから造られることで有名。

## 3

## キアンティ（サンジョヴェーゼ）

▼ P80

**銘柄：マッツェイ、キアンティ・クラッシコ フォンテルートリ**

イタリアを代表する赤ワインの一つで、トスカーナ地方で生産されています。このワインはサンジョヴェーゼ種を主に用いて造られています。太陽の恵みを感じさせる濃厚な果実味が魅力のワインです。

## 4

## シェリー（パロミノ）

▼
P84

**銘柄：デルガド・スレタ、マンサニーリャ ラ・ゴヤ**

スペインを代表するワインの一つである、アンダルシア地方産の酒精強化ワイン。シェリーにはパロミノ種が90％の割合で使われています。この品種は酸味や甘味が弱く、シェリーの醸造に適しています。

## 5

## チリ（カベルネ・ソーヴィニヨン）

▼
P92

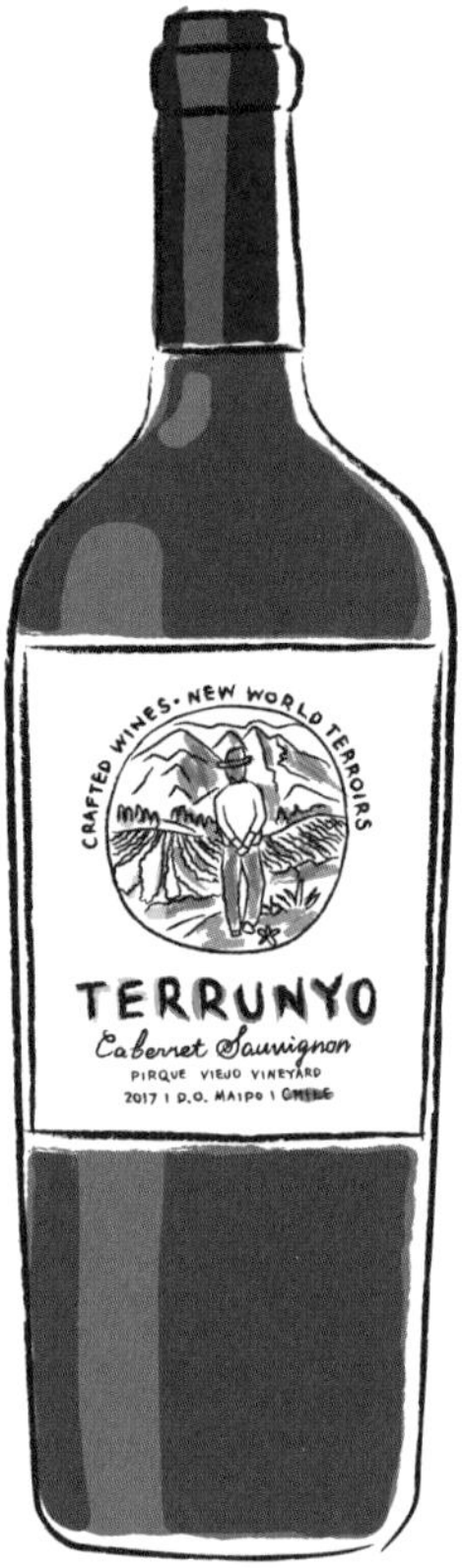


**銘柄：コンチャ・イ・トロ、マイポ テルーニョ カベルネ・ソーヴィニヨン**

チリを代表するワインの一つがカベルネ・ソーヴィニヨン種を使った赤ワイン。特にマイポ・ヴァレー産の果実味豊かなワインがおすすめ。チリのワインはポリフェノールがたっぷり含まれているという研究結果もあります。

## 6

## オーストラリア（シラーズ）

▼
P98

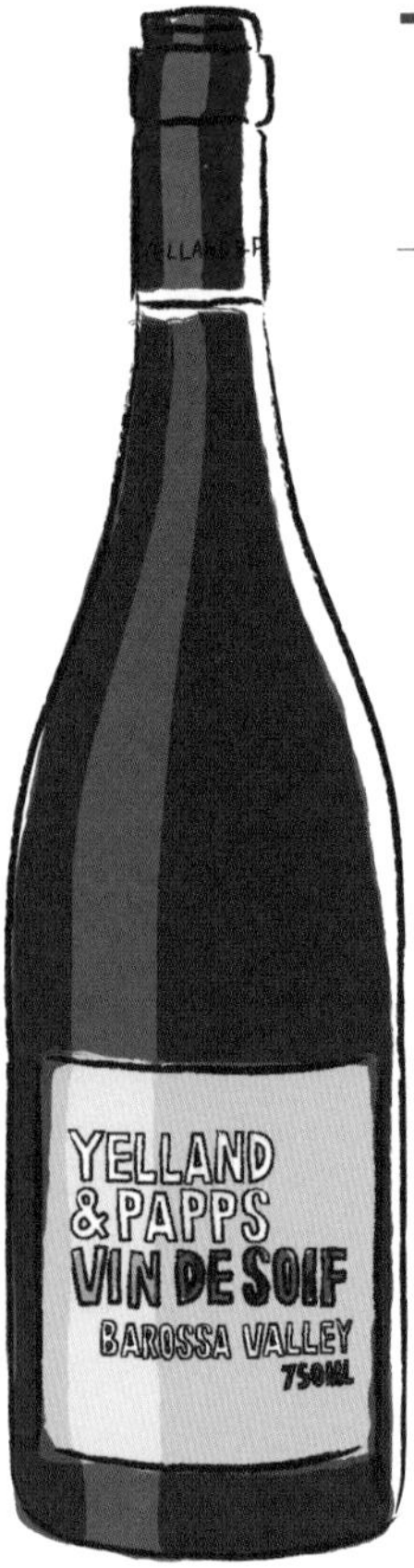


**銘柄：イェランド＆パップス YP シラーズ**

オーストラリアワインとしてはイェランド＆パップスYPシラーズがおすすめ。南オーストラリアのバロッサ・ヴァレーで栽培されているシラーズ種から造られ、酸味が強く、こくのある味を楽しめる赤ワインです。

## 7

### ニュージーランド（ソーヴィニヨン・ブラン）

▼
P100

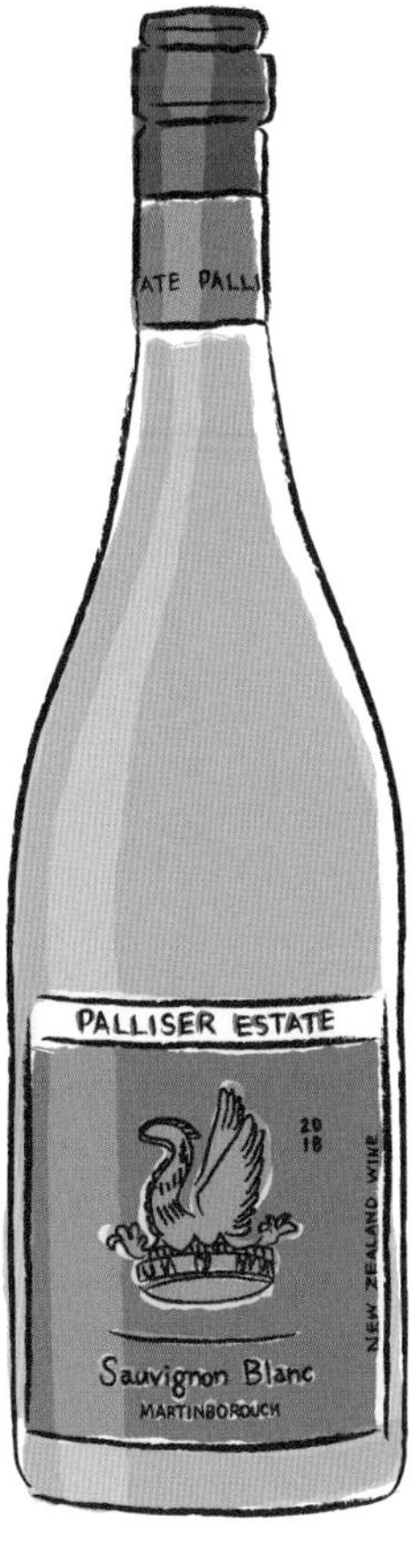


**銘柄：パリサー エステート、マーティンボロ ソーヴィニヨン・ブラン**

ニュージーランドワインとしてはノースアイランド最南端にあるパリサー岬から名をとった「パリサー・エステート」がおすすめ。ソーヴィニヨン・ブランを使った白ワインはフルーティーで、ほどよい酸味を満喫できます。

## 8

### 南アフリカ（シュナン・ブラン）

▼
P104

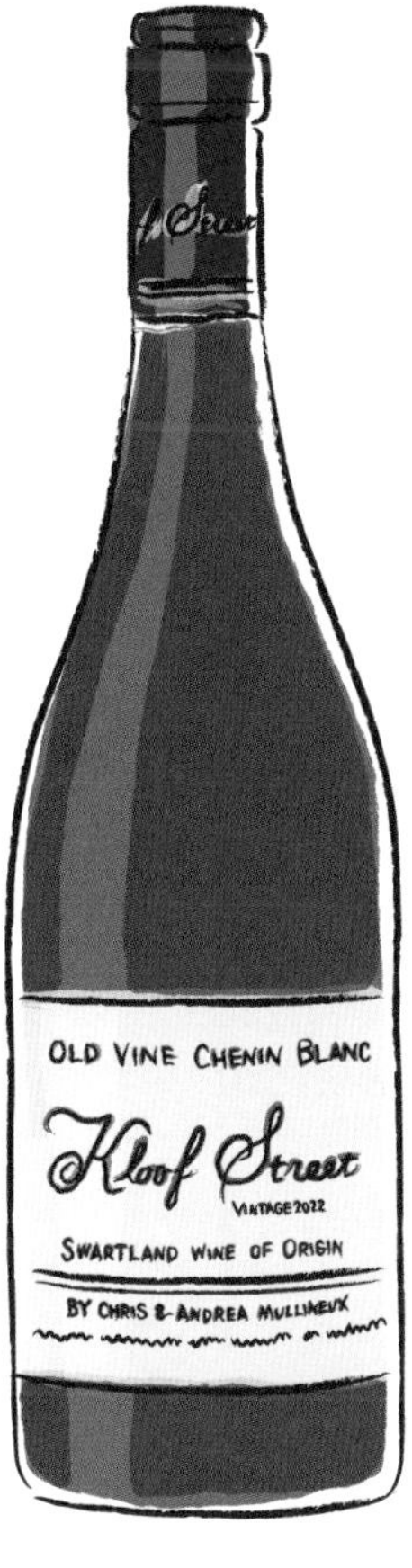


**銘柄：マリヌー、クルーフ・ストリート シュナン・ブラン**

南アフリカ産ワインの原料となる品種のほとんどがフランス原産のシュナン・ブランで、辛口ですっきりとした喉越しが特徴の白ワインが造られています。リーズナブルで、品質の高いワインを味わってください。

9

## 日本・山梨（甲州）

▼P124

**銘柄：甲州**

山梨ワインでお勧めできる銘柄は甲州です。日本固有の白ワインのための品種、甲州から造られていて、繊細で柔らかな味わいが特徴です。和食に合うワインで、スパークリングワインもあります。

10

## 日本・山梨（マスカット・ベーリーA）

▼P124

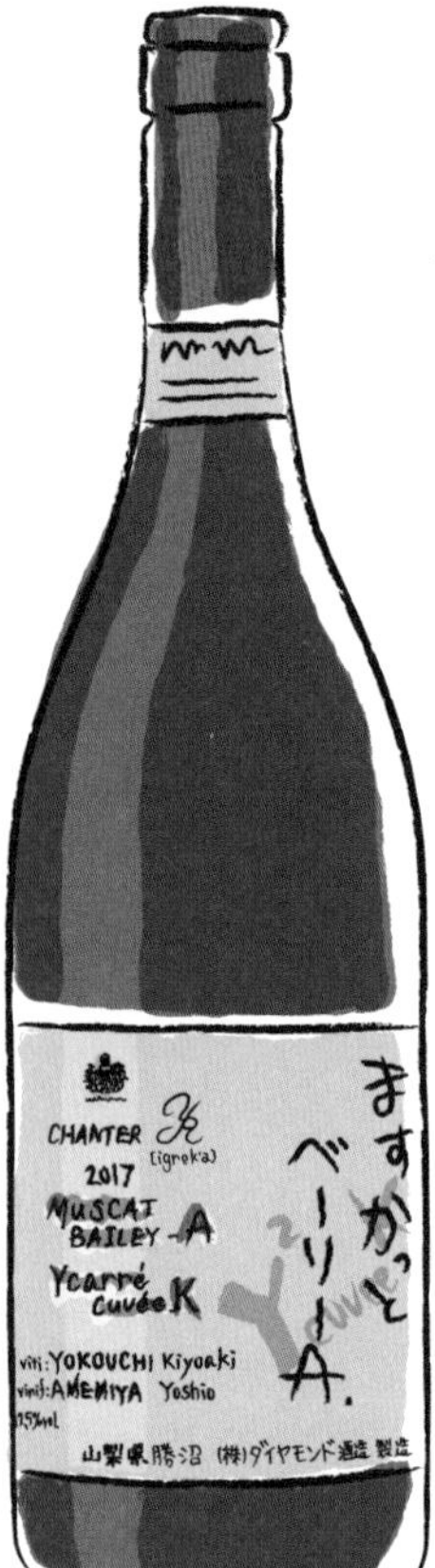


**銘柄：シャンテ Y.A. マスカット・ベーリー A**

新潟県原産の品種、マスカット・ベーリーAから造られたワインとしては、山梨の赤ワイン、シャンテ Y.A. マスカット・ベーリー Aがおすすめです。香り豊かで、穏やかなタンニンが魅力のワインです。

## 参考文献

『基本を知ればもっとおいしい！ ワインを楽しむ教科書』（監修）大西タカユキ（ナツメ社）
『図解 ワイン一年生』小久保尊（サンクチュアリ出版）
『世界のビジネスエリートが身につける 教養としてのワイン』渡辺順子（ダイヤモンド社）
『新編 ワインという物語 聖書、神話、文学をワインでよむ』大岡玲（天夢人）
『1時間でわかる　大人のワイン入門』小久保尊（宝島社）
『ワイン　テイスティング　バイブル』谷宣英（ナツメ社）
『初歩からわかる超ワイン入門』（監修）種本祐子（主婦の友社）
『知識ゼロからのワイン入門』弘兼憲史（幻冬舎）
『今、最もおいしいワイン』一個人編集部（KKベストセラー）
『ブルータス』No.403、1998年2月15日号、特集「やっぱりワインは、フランスです。」
『10種のぶどうでわかるワイン』石田博（日本経済新聞）
『ワインの教科書』木村克己（新星出版社）

## STAFF

編集／佐藤裕二、渡邉亨（株式会社ファミリーマガジン）
本文デザイン・DTP／今泉誠
カバー・本文イラスト／桜井葉子
写真提供／PIXTA、iStock

## 森 覚 もり・さとる

アンダーズ 東京
エグゼクティブ ソムリエ／ビバレッジ ディレクター


1977年生まれ。2000年、パーク ハイアット 東京に入社。2003年に若手ソムリエの登竜門である「ロワールワイン・ソムリエコンクール」で優勝。その後、ホテルニューオータニ東京、コンラッド東京で20年以上にわたりソムリエの研鑽を積む。「全日本最優秀ソムリエコンクール」や「アジア・オセアニア最優秀ソムリエコンクール」など数々のソムリエコンクールで優勝。「世界最優秀ソムリエコンクール」には数年にわたり、日本／アジア・オセアニア代表として出場し、2016年の大会では58カ国61名の出場者の中で8位に入賞した。2022年には、長年ソムリエとして職務に励み、模範となる実績が認められ「黄綬褒章」を受章。日本のワイン界を常にリードし、進化し続けるソムリエとして、様々な分野で活躍している。


日本一のワインソムリエが書いた
**ワイン1年生の本**

2023年10月27日 第1刷発行

| | |
|---|---|
| 著者 | 森 覚 |
| 発行人 | 蓮見清一 |
| 発行所 | 株式会社宝島社 |
| | 〒102-8388 |
| | 東京都千代田区一番町25番地 |
| | 電話：03-3239-0928（編集） |
| | 03-3234-4621（営業） |
| | https://tkj.jp |
| 印刷・製本 | サンケイ総合印刷株式会社 |




ISBN 978-4-299-04302-3